地方农业高校
服务乡村人才振兴的
实践与探索

蔡海生　编著

西北农林科技大学出版社

图书在版编目（CIP）数据

地方农业高校服务乡村人才振兴的实践与探索 / 蔡海生编著. —
杨凌：西北农林科技大学出版社， 2020.12（2025.1重印）
ISBN 978-7-5683-0926-4

Ⅰ.①地… Ⅱ.①蔡… Ⅲ.①农业院校—地方高校—人才培养—
研究—中国②农村—社会主义建设—人才培养—研究—中国
Ⅳ.①S-40②F320.3

中国版本图书馆CIP数据核字（2020）第270753号

地方农业高校服务乡村人才振兴的实践与探索

蔡海生　编著

出版发行	西北农林科技大学出版社
地　　址	陕西杨凌杨武路3号　　邮　编：712100
电　　话	总编室：029-87093195　发行部：029-87093302
电子邮箱	press0809@163.com
印　　刷	北京市兴怀印刷厂
版　　次	2022年1月第1版
印　　次	2025年1月第2次印刷
开　　本	787 mm×1092 mm　　1/16
印　　张	11.25
字　　数	156千字

ISBN 978-7-5683-0926-4

定价：42.00元

本书如有印装质量问题，请与本社联系

扎根赣鄱红土地，将论文写在希望的田野上
（代序）

中国科学院院士、江西农业大学党委书记 黄路生

2019年9月5日，习近平总书记给全国涉农高校的书记校长和专家代表回信，高度肯定了新中国成立70年来涉农高校为"三农"事业发展作出的积极贡献，秉持深厚的人民情怀对新时代做好"三农"工作、培养新型农业人才提出了殷切期望。总书记的回信对涉农高校的历史使命、办学定位提出了新要求，是关于"三农"工作论述的最新篇章，是对涉农高校莫大的肯定、鼓励与科学指引！

江西农业大学在百余年办学历史中，在不同办学时期，始终扎根赣鄱红土地，将论文写在希望的田野上。始终坚守农业初心，育人为本，立德树人，质量立校；始终坚持科教兴农，在农为农，顶天立地，内涵强校；始终坚定立足农业，服务社会，砥砺奋进，特色兴校。一是在知农爱农人才培养方面求实效。学校始终以立德树人为根本，建国70年来学校累计培养了各类专业人才33万多人，他们大都扎根农业生产第一线，成为了生产、经营、管理和农业技术推广等领域的骨干力量和领导干部，为推动江西农业产业发展发挥了重要作用。同时，学校不断探索农业职业教育，努力实施"一村一名大学生工程"，自2012年启动以来共培养17730名学员，他们中55%以上为村两委干部，学员毕业后大都成为了农业农村发展致富的中坚力量；涌现出创业人员、致富带头人6660多人，46%的学员拥有自己的农业产业，探索形成了具有农大特色的、符合新时代农业农村发展需求的新型职业农民培养新模式，助力乡村人才振兴，被誉为新型职业农民培养的"江西样板"。二是在农业科技自主创新方面勇争先。学校始终以强农兴农为己任，先后主动实施了"鄱阳湖区农业综合开

发示范""赣南农业技术开发示范""鄱阳湖生态经济区绿色高效循环农业技术集成研究与示范""鄱阳湖流域生物多样性保护及药用资源开发利用技术研究与示范"等一批重大科技服务项目，有效促进了区域生态环境保护和农业产业经济发展。特别是"仔猪断奶前腹泻抗病基因育种技术的创建及应用""'中芯1号'全基因组芯片及其配套评估技术"等一系列猪遗传改良、育种重要理论和关键技术研发与应用，实现了"小基因"支撑生猪大产业的发展；选育的"淦鑫688""五丰优T025"等一批超级稻新品种的推广应用，以及双季超级稻"早藜壮秆强源"等优质高效栽培技术的大面积示范推广，为水稻生产和粮食安全作出了重大贡献；森林植被恢复与重建、困难立地育林及矿山复垦与植被修复、鄱阳湖湿地保护与生态修复等一系列的研究技术成果的推广应用，为持续保住江西的"绿水青山"、变生态优势为经济优势提供了大力支持。三是在服务乡村振兴战略方面创实业。学校始终以服务"三农"为使命，大力实施科技特派团（员）工程，先后派出100多个科技特派团、500多名专业技术人员，为农村农民开展农业科技咨询服务，形成了具有江西特色的"6161科技服务"模式（即："一个服务团，服务一个产业，建好一个示范基地，培育一批乡土人才，协同解决一个关键技术，带动一方群众脱贫致富"；"一个专家，蹲点一个村，对接一个企业，推广一批实用技术，上好一堂培训课，带领一些贫困户脱贫"），专家每年现场技术指导20000余人次，培训乡土人才和新型职业农民15000余人次，与江西省100多个县市区政府园区（企业、合作社）、200多个农业龙头企业等新主体建立了科技合作关系，形成了"科技服务与精准扶贫、产业振兴相结合"的农业科技推广模式，带动农业产业发展，为根本解决科技推广服务"最后一公里"问题，打赢脱贫攻坚战、推进乡村全面振兴竭尽才智。

走进新时代，展现新作为，谱写新篇章！江西农业大学将牢记总书记的重托，扎根祖国大地，坚持以立德树人为根本，以强农兴农为己任，培养更多的知农爱农人才，肩负起兴农报国的历史使命，努力把学校建成解决"三农"问题的人才培养基地、科技创新高地和"三农"发展智库，为实现农业农村现代化矢志奋斗，为打赢脱贫攻坚战、推进乡村全面振兴、全面实现中华民族伟大复兴的中国梦，作出新的更大的贡献。（注：本文发表在《中国农业教育》2019年第5期）

前　言

　　农业农村农民问题是关系国计民生的根本性问题，解决好"三农"问题是全党工作的重中之重。党的十九大提出实施乡村振兴战略，是以习近平同志为核心的党中央着眼党和国家事业全局，顺应亿万农民对美好生活的向往，对"三农"工作作出的重大决策部署，是决胜全面建成小康社会、全面建设社会主义现代化国家的重大历史任务，是新时代做好"三农"工作、推动农业农村现代化的总抓手。习近平总书记在党的十九大报告中提出，要按照"产业兴旺、生态宜居、乡风文明、治理有效、生活富裕"的总要求，实施乡村振兴战略；要培养造就一支懂农业、爱农村、爱农民的"三农"工作队伍；坚持农业农村优先发展做好"三农"工作。2019年9月5日，习近平总书记给全国涉农高校的书记校长和专家代表回信，高度肯定了新中国成立70年来涉农高校为"三农"事业发展作出的积极贡献，秉持深厚的人民情怀对新时代做好"三农"工作、培养新型农业人才提出了殷切期望。习总书记在回信中指出：中国现代化离不开农业农村现代化，农业农村现代化关键在科技、在人才。希望涉农高校继续以立德树人为根本，以强农兴农为己任，拿出更多科技成果，培养更多知农爱农新型人才。

　　人才是实现民族振兴、赢得国际竞争主动的战略资源，是第一资源。实施乡村振兴战略，人才振兴是关键。农业高校作为教育事业优先和农业农村优先"两个优先"的结合体，负有重要的历史使命和责任担当。江西农业大学历经115年办学历程，始终扎根赣鄱红土地，将论文写在希望的田野上，累计培养了各类专业人才33万多人，他们大都扎根农业生产第一线，成为了生产、经营、管理和农业技术推广等领域的骨干力量和领导干部，为推动江西农业产业发展发挥了重要作用。特别是进入新时代，江西农业大学紧跟时代步伐，紧扣国家战略、区域发展及农业现代化发展的重大需求，通过凝练专业优势和自身特色，在多年实践探索积累的基础上，构建了层次分明、布局合理、特色鲜明的"三理念+三平台+三举措"的乡村人才培养体系，探索形成了一条具有农大特色的、符合新时代农业农村发展需求的新型乡村人才培养新模式，助力乡村人才振兴。

为进一步总结地方农业高校服务乡村人才振兴的成果与经验，更好地服务乡村振兴战略，江西农业大学不忘初心使命和责任担当，组织实施了"地方农业高校服务乡村人才振兴的实践与探索"系列课题研究，坚持以立德树人为根本，以强农兴农为己任，致力于培养更多的知农爱农人才。本书立足于江西农业大学教育改革发展的历史事实和实践经验，总结了建国70周年来不同时期的办学经验和人才培养成效，探讨了作为地方农业高校加快推进乡村人才振兴、服务解决"三农"问题的有效途径。作为工作总结和研究成果汇编，本书主要总结归纳了党的十九大以来，江西农业大学服务乡村人才振兴的实践与探索相关研究成果，包括2017~2019年公开发表的系列研究论文和相关校本研究报告。主要内容可以简单归纳为3个部分：

第一部分：历史经验总结。主要通过"地方农业高校服务农村人才振兴的实践与探索""地方农业高校改革发展的实践与探索""深化改革全面推进有特色的高水平农业大学建设""基于'三三三'模式的实践教育体系创新与实践"等篇章进行了梳理。江西农业大学历经"江西农学院""江西共产主义劳动大学""江西农业大学"等不同办学时期，始终从自身实际出发，继承发扬"厚德博学，抱朴守真"的农大精神，为推进学校"双一流"建设打下了扎实的基础，为江西农业农村发展提供了有力的支撑。一是砥砺奋进：立足农业，求知力行，特色兴校；二是坚守初心：育人为本，科教兴农，质量立校；三是坚定信心：在农为农，科教兴农，内涵强校。学校始终不忘立德树人根本，努力培养知农爱农新型人才，为破解"三农"问题、加快推进农业农村现代化作出了积极贡献。

第二部分：现实状况分析。主要通过"有特色高水平农业高校一流学科专业建设""乡村振兴战略背景下新型职业农民培育""基于德国双元制教育理念的本科生实践教学""'一村一名大学生工程'培养模式""科技下乡人才下沉助力乡村振兴"等篇章进行了梳理。结合江西农业大学在培养知农爱农新型人才的实践探索，分析了目前的工作现状、面临问题和发展对策。一是努力夯实一流学科专业基础：将学科专业建设作为学校发展战略的重要内容，作为学校的龙头工作，学科建设稳步推进、农林牧特色鲜明，专业建设不断扩大、多科性协调发展。二是扎实推进实践教育教学育人：结合生产教学实践、科技服务实践、社会调研实践"三实践"，依托教学实践基地、科技服务项目、学生社团活动"三平台"，强化第一课堂与第二课堂、校内实践与校外实践、教育培养与服务社会"三结合"，构建了实践教育"三三三"模式。三是加快培育新型职业农民队伍：通过凝练学校特色，构建了层次分明、布局合理、特色鲜明的"三理念+三平台+三举措"新型职业农民培育体系，以"创新实践、扎根基层、学以致用"三理念为指导，以"研发平台、实训平台、智库平台"三平台为依托，以"人才培养、科技服务、智力帮扶"三举措为途径，在服务新型职业农民培育中取得了明显效果。

第三部分：未来发展展望。主要通过"加快培养农林卓越人才，精准服务乡村振兴战略""坚持以学科为抓手推进有特色高水平大学建设""加强拔尖创新型农林教学与科研人才培养基地改革试点""强化研究生教育助力精准脱贫攻坚战和乡村人才振兴""后疫情时代农业高校线上线下融合人才培养模式"等篇章进行了梳理。在实施"双一流"建设和"中国教育现代化2030"的大背景下，江西农业大学要立足实际、开拓创新，推进有特色高水平农业大学建设，为培养知农爱农新型人才、服务乡村振兴战略再立新功。一是加快推进优势特色学科建设：学科是大学承载人才培养、科学研究、社会服务和文化传承创新等功能的基本单元，学科水平是学校综合实力的重要表现。江西农业大学未来将大力实施优势学科提升计划、特色学科振兴计划、基础学科培育计划、人文学科繁荣计划，建立起一个层次分明、布局合理、特色鲜明的学科体系，推进学校有特色高水平大学建设。二是加快推进卓越农林人才培养：基于江西农业大学农林人才培养的实际，加快实施卓越农林人才教育培养计划

2.0，重点把握"四个新"：全国教育大会对高校人才培养有了新要求；乡村振兴战略对乡村人才振兴有了新需求；江西教育强省建设要为乡村振兴战略提供新动力；卓越农林人才培养要为乡村人才振兴提供新活力。不断提高农林人才培养质量，精准服务江西乡村人才振兴。三是加快推进新型职业农民教育：学校今后将在"创新理念，明确目标，完善管理服务体系""多方聚力，共担责任，强化培育平台建设""提升能力，务求实效，服务乡村人才振兴"上下功夫，坚持农业教育、农技推广、科技兴农"三位一体"育人才，积极实施"一村一名大学生"工程，建设好"农家科技小院"，为乡村振兴战略背景下新型职业农民培育提供新思路、新对策、新保障。

本书是江西农业大学服务乡村人才振兴实践与探索的工作总结，也是我省高等农业教育实践与探索的工作缩影。相关工作得到了省内外兄弟高校，以及江西省市县乡村基层、农林企业、用人单位等各方的肯定，研究成果可以帮助社会各界更好地认知我省高等农业教育的发展历程和建设成效，为相关涉农高校开展"知农爱农"新型人才培养提供经验启迪和参考借鉴。特别是通过系列课题研究的实施，总结经验教训、开拓创新实践，为江西农业大学有特色高水平农业大学建设科学定位和指明方向。走进新时代，展现新作为，谱写新篇章！江西农业大学将牢记总书记的重托，以教育事业优先和农业农村优先"两个优先"为指导，扎根祖国大地，坚持以立德树人为根本，以强农兴农为己任，培养更多的"知农爱农"新型人才，肩负起兴农报国的历史使命，努力把学校建成解决"三农"问题的人才培养基地、科技创新高地和"三农"发展智库，为实现农业农村现代化、服务乡村全面发展振兴，作出新的更大的贡献。

本书编写是基于编者在江西农业大学高等教育研究所、江西农业大学研究生院等部门的工作实践和思考，是针对相关《校本研究报告》、研究论文、工作总结等成果的综合汇编。本书在资料数据收集和编写过程中，得到了中国科学院院士、江西农业大学党委书记黄路生教授，江西农业大学校长赵小敏教授等学校领导，以及江西农业大学高等教育研究所、研究生院、人事处、科技处、宣传部、新农村发展研究院、继续教育学院等部门领导和同仁的大力支持和热心帮助。此外，江西农业大学朱述斌、姜伟、张学玲、张婷、周红燕、欧一智、何雯洁、陈小涛等领导老师也参与了本书的资料收集和编辑整理工作，在此一并表示衷心的感谢！本书在编写过程中，参阅并借鉴了学校相关部门和领导的工作总结和工作报告，参阅并借鉴了大量校内外相关领域的专家和同行们的研究成果和学术思想，在此对他们的工作与贡献表示诚挚的谢意！

本书是江西省高校教学改革项目（JXJG-16-3-10）、江西省学位与研究生教育教学改革研究项目（JXYJG-2019-061、JXYJG-2019-062、JXYJG-2018-057）、江西省"十三五"社科规划项目（17YJ11）、江西省教育厅"应用型人才培养实践教学改革与创新"项目（赣教办函〔2015〕157号）、江西农业大学校本研究项目（2008B22027）等科研项目的主要研究成果。

由于学术与能力有限，书中难免出现疏漏与不足之处，敬请各位专家和读者批评指正。

蔡海生

2020年8月20日

目 录
contents

第三部分　服务乡村人才振兴探索实践

第四部分 服务乡村人才振兴发展展望

第五部分　结　语

第一部分 绪 论

2017年10月，党的十九大提出实施乡村振兴战略，习近平总书记在党的十九大报告中提出，要"培养造就一支懂农业、爱农村、爱农民的'三农'工作队伍"。2019年9月，习近平总书记给全国涉农高校的书记校长和专家代表回信中指出：中国现代化离不开农业农村现代化，农业农村现代化关键在科技、在人才。希望涉农高校继续以立德树人为根本，以强农兴农为己任，拿出更多科技成果，培养更多知农爱农新型人才。人才是第一资源，实施乡村振兴战略，关键是人才振兴。农业高校作为教育事业优先和农业农村优先"两个优先"的结合体，负有重要的历史使命和责任担当。江西农业大学历经百余年办学，累计培养了33万多名各类专业人才，他们大都扎根农业生产第一线，成为了生产、经营、管理和农业技术推广等领域的骨干力量和领导干部，为推动江西农业产业发展发挥了重要作用。特别是进入新时代，江西农业大学紧跟时代步伐，紧扣国家战略、区域发展及农业现代化发展的重大需求，通过凝练专业优势和自身特色，探索形成了一条具有农大特色的、符合新时代农业农村发展需求的新型乡村人才培养新模式，为乡村人才振兴提供了重要保障。

一、背景、目的和意义

农业农村农民问题是关系国计民生的根本性问题，解决好"三农"问题是全党工作的重中之重。党的十九大提出实施乡村振兴战略，是以习近平同志为核心的党中央着眼党和国家事业全局，顺应亿万农民对美好生活的向往，对"三农"工作作出的重大决策部署，是决胜全面建成小康社会、全面建设社会主义现代化国家的重大历史任务，是新时代做好"三农"工作的总抓手。习近平总书记在党的十九大报告中提出，要坚持农业农村优先发展，按照"产业兴旺、生态宜居、乡风文明、治理有效、生活富裕"的总要求，建立健全城乡融合发展体制机制和政策体系，加快推进农业农村现代化。实施乡村振兴战略，要坚持农业教育优先和农业农村优先相结合，培养造就一支懂农业、爱农村、爱农民的"三农"工作队伍。2019年9月5日，习近平总书记给全国涉农高校的书记校长和专家代表回信，高度肯定了新中国成立70年来涉农高校为"三农"事业发展作出的积极贡献，秉持深厚的人民情怀对新时代做好"三农"工作、培养新型农业人才提出了殷切期望。习总书记在回信中指出：中国现代化离不开农业农村现代化，农业农村现代化关键在科技、在人才。希望涉农高校继续以立德树人为根本，以强农兴农为己任，拿出更多科技成果，培养更多知农爱农新型人才，为推进农业农村现代化、确保国家粮食安全、提高亿万农民生活水平和思想道德素质、促进山水林田湖草系统治理，为打赢脱贫攻坚战、推进乡村全面振兴不断作出新的更大的贡献。

人才是实现民族振兴、赢得国际竞争主动的战略资源，是第一资源。实施乡村振兴战略，人才振兴是关键。新时代，农村是充满希望的田野，是干事创业的广阔舞台。乡村振兴是新时代涉农高校继续深化综合改革的关键机遇，农业高校作为教育事业优先和农业农村优先"两个优先"的结合体，负有重要的历史使命和责任担当，在实施乡村振兴战略中涉农高校大有可为、大有作为。江西农业大学历经115年办学历程，始终扎根赣鄱红土地，将论文写在希望的田野上，累计培养了各类专业人才33万多人，他们大都扎根农业生产第一线，成为了生产、经营、管理和农业技术推广等领域的骨干力量和领导干部，为推动江西农业产业发展发挥了重要作用。特别是进入新时代，江西农业大学紧跟时代步伐，紧扣国家战略、区域发展及农业现代化发展的重大需求，通过凝练专业优势和自身特色，在多年实践探索积累的基础上，构建了层次分明、布局合理、特色鲜明的"三理念+三平台+三举措"的乡村人才培养体系，开展了"一村一名大学生工程""科技特派团（员）行动""农家科技小院"等人才培养和科技下乡工作，探索形成了一条具有农大特色的、符合新时代农业农村发展需求的新型乡村人才培养新模式，助力乡村人才振兴。

当前，我国正处于"两个一百年"奋斗目标的历史交汇期，牢记"教育优先""农业农村发展优先"，大力实施乡村振兴战略，巩固脱贫攻坚成果，全面建设小康社会，向第二个百年奋斗目标迈进，需要进一步做好"乡村人才振兴"工作，为农业农村现代化提供强有利的人才保障和智力支撑。为进一步总结地方农业高校服务乡村人才振兴的成果与经验，更好地服务乡村振兴战略，江西农业大学不忘初心使命和责任担当，组织实施了"地方农业高校服务乡村人才振兴的实践与探索"系列课题研究，坚持以立德树人为根本，以强农兴农为己任，致力于培养更多的知农爱农人才。本书作为江西农业大学服务乡村人才振兴的工作总结和研究成果汇编，立足于江西农业大学教育改革发展的历史事实和实践经验，总结了建国70周年来不同时期的办学经验和人才培养成效，探讨了作为地方农业高校加快推进乡村人才振兴、服务解决"三农"问题的有效途径，以求进一步明确涉农高校初心使命，发挥高等教育基本职能，落实立德树人根本任务，自觉肩负服务区域农业农村优先发展的历史使命，为培养懂农业、爱农村、爱农民的"三农"人才作出更大贡献。

二、编写思路与主要内容

新中国成立以来，中国高等教育经历了重重变革，发生了天翻地覆的变化，取得了举世瞩目的成就。特别是改革开放40年来，中国高等教育实现了跨越式发展，带动着中国也影响着世界的发展进程。进入新时代，中国高等教育正从教育大国向教育强国转变，从高等教育精英化向大众化、普及化迈进。实现"两个一百年"奋斗目标、实现中华民族伟大复兴的中国梦，归根到底靠人才、靠教育。建设教育强国是中华民族伟大复兴的基础工程，优先发展教育、加快教育现代化已经成为时代的强音。建国70周年来，解决好"三农"问题始终是党和国家全部工作的重中之重。坚持农业农村优先发展、实施乡村振兴战略，破解"三农"问题，实现"两个一百年"奋斗目标，培养造就一支懂农业、爱农村、爱农民的"三农"工作队伍是关键，也是农业高校的职责和使命。江西农业大学始终不忘初心,为乡村人才振兴作出了积极的探索。"共大"办学时期,形成了"半工半读、扎根基层、学以致用"的培养模式;改革开放以来,坚持继续教育、农技推广、科技兴农"三位一体"育人才;进入新时代,积极实施"一村一名大学生"工程,助力乡村人才振兴、科技服务、智力帮扶。本书从江西农业大学服务乡村人才振兴的历史经验、现实状况、未来展望3个方面,对培养造就"三农"适用人才、服务"三农"发展振兴的情况进行了归纳总结。

(一)服务乡村人才振兴的历史经验总结

主要通过"地方农业高校服务农村人才振兴的实践与探索""地方农业高校改革发展的实践与探索""深化改革全面推进有特色的高水平农业大学建设""基于'三三三'模式的江西农业大学实践教育体系创新与实践"等篇章进行了梳理。江西农业大学历经"江西农学院""江西共产主义劳动大学""江西农业大学"等不同办学时期,始终从自身实际出发,继承发扬"厚德博学,抱朴守真"的农大精神,为推进学校"双一流"建设打下了扎实的基础,为江西农业农村发展提供了有力的支撑。总结建国以来江西农业大学在农业教育方面的经验与启示:始终坚持立足农业高校办学定位;始终坚持立足国情农情校情;始终坚持立足农业农村发展前沿,为乡村培育"一懂两爱三宽四得"的农业专业人才。概括讲:一是砥砺奋进:立足农业,求知力行,特色兴校;二是坚守初心:育人为本,科教兴农,质量立校;三是坚定信心:在农为农,科教兴农,内涵强校。学校始终不忘立德树人根本,努力培养知农爱农新型人才,为破解"三农"问题、加快推进农业农村现代化作出了积极贡献。

(二)服务乡村人才振兴的现实状况分析

主要通过"有特色高水平农业高校一流学科专业建设""乡村振兴战略背景下新型职业农民培育""基于德国双元制教育理念的本科生实践教学""'一村一名大学生工程'培养模式""科技下乡人才下沉助力乡村振兴"等篇章进行了梳理。结合江西农业大学在培养知农爱农新型人才的实践探索,分析了目前的工作现状、面临问题和发展对策。一是努力夯实一流学科专业基础：将学科专业建设作为学校发展战略的重要内容，作为学校的龙头工作，学科建设稳步推进、农林牧特色鲜明，专业建设不断扩大、多科性协调发展。二是扎实推进实践教育教学育人：结合生产教学实践、科技服务实践、社会调研实践"三实践"，依托教学实践基地、科技服务项目、学生社团活动"三平台"，强化第一课堂与第二课堂、校内实践与校外实践、教育培养与服务社会"三结合"，构建了实践教育"三三三"模式。三是加快培育新型职业农民队伍：通过凝练学校特色，构建了层次分明、布局合理、特色鲜明的"三理念+三平台+三举措"新型职业农民培育体系，以"创新实践、扎根基层、学以致用"三理念为指导，以"研发平台、实训平台、智库平台"三平台为依托，以"人才培养、科技服务、智力帮扶"三举措为途径，在服务新型职业农民培育中取得了明显效果。

（三）服务乡村人才振兴的未来发展展望

主要通过"加快培养农林卓越人才，精准服务乡村振兴战略""坚持以学科为抓手推进有特色高水平大学建设""加强拔尖创新型农林教学与科研人才培养基地改革试点""强化研究生教育助力精准脱贫攻坚战和乡村人才振兴""后疫情时代农业高校线上线下融合人才培养模式"等篇章进行了梳理。在实施"双一流"建设和"中国教育现代化2030"的大背景下，江西农业大学要立足实际、开拓创新，推进有特色高水平农业大学建设，为培养知农爱农新型人才、服务乡村振兴战略再立新功。一是加快推进优势特色学科建设：学科是大学承载人才培养、科学研究、社会服务和文化传承创新等功能的基本单元，学科水平是学校综合实力的重要表现。江西农业大学未来将大力实施优势学科提升计划、特色学科振兴计划、基础学科培育计划、人文学科繁荣计划，建立起一个层次分明、布局合理、特色鲜明的学科体系，推进学校有特色高水平大学建设。二是加快推进卓越农林人才培养：基于江西农业大学农林人才培养的实际，加快实施卓越农林人才教育培养计划2.0，重点把握"四个新"：全国教育大会对高校人才培养有了新要求；乡村振兴战略对乡村人才振兴有了新需求；江西教育强省建设要为乡村振兴战略提供新动力；卓越农林人才培养要为乡村人才振兴提供新活力。不断提高农林人才培养质量，精准服务江西乡村人才振兴。三是加快推进新型职业农民教育：学校今后将在"创新理念，明确目标，完善管理服务体系""多方聚力，共担责任，强化培育平台建设""提升能力，务求实效，服务乡村人才振兴"上下功夫，坚持农业教育、农技推广、科技兴农"三位一体"育人才，积极实施"一村一名大学生"工程，建设好"农家科技小院"，为乡村振兴战略背景下新型职业农民培育提供新思路、新对策、新保障。

三、主要观点和特色

党的十九大提出实施乡村振兴战略的重大历史任务，在我国"三农"发展进程中具有划时代的里程碑意义。本成果主要目的是总结我校面向"三农"培养人才的历史经验，更好地服务于新时代的乡村人才振兴。总结江西农业大学在服务乡村人才振兴方面的经验启示：一是坚持因地制宜，创新实践。面向地区、面向农业、面向基层，以地方农业生产实际为出发点和落脚点，着重解决农业生产中的关键问题，努力满足农业生产的发展需求，让学生掌握最基本的知识和最关键的技术，走一条"优质长效"的实践教育之路。二是坚持因需施教，学以致用。面向农业农村、社会基层需求，结合学生条件背景和成长实际，依托各类平台为学生"量身定制"实践活动，实行教学、生产、科研相结合，培养满足"三农"需求的实用人才。三是坚持立德树人，扎根基层。以从农村来到农村去为指导方针，"饮水思源，不忘根本"，坚持理想信念教育、专业思想教育、身心素质塑造融于一体，坚定学生兴农、爱农、为农思想，鼓励扎根基层，增强社会责任意识和担当能力。

总结本成果的主要观念和特色，同样也是对江西农业大学服务乡村人才振兴未来把脉，培养更多更好的知农爱农新型农业专业人才。可以简单概括为以下三点：一是立足农业高校办学定位，坚持"农大姓农""农大务农"，以培养"三农"人才为自身光荣职责和使命；二是立足国情农情校情，结合国家战略、社会需求和自身实际，不断创新服务"三农"人才培养模式；三是立足农业农村发展前沿，坚持顶天立地，把论文写在大地上，走农业教育可持续发展道路，服务农村人才振兴、科技振兴、产业振兴。

四、研究成果实践应用及成效

一是出台管理文件，不断完善人才培养体系。近几年来，学校为加快学科专业建设和人才培养、科技服务工作，不断完善人才培养方案，强化一流学科、一流专业建设，努力提高人才培养质量，出台了系列相关文件，主要有：

① 江西农业大学本科人才培养方案调整指导意见（2020年5月13日）；

② 江西农业大学一流本科专业建设方案（2020年5月11日）；

③ 江西农业大学研究生教育助力脱贫攻坚收官之战的指导意见（2020年3月30日）；

④ 江西农业大学关于落实《进一步加强高等学校本科教学管理的八项要求》的实施办法（2019年11月7日）；

⑤ 江西农业大学课堂教学质量评价实施办法（2019年5月28日）；

⑥ 江西农业大学校级重点培育专业遴选建设实施办法（试行）（2018年12月24日）；

⑦ 江西农业大学"一村一名大学生工程"专业硕士研究生培养专项实施意见（2018年12月11日）；

⑧ 江西农业大学深化本科教育教学改革实施方案(2018-2025)（2018年05月20日）；

⑨ 江西农业大学"十三五"校级重点（培育）学科(专业)遴选建设实施办法（试行）（2018年4月18日）；

⑩ 江西农业大学关于转发《江西省有特色高水平大学和一流学科专业建设实施方案》的通知（2017年6月7日）。

二是立足校情农情，不断健全人才培养载体。近几年来，学校为加快推动科学研究与人才培养相结合、理论学习与实践教育相结合、校内教育与基层锻炼相结合，完善人才培养载体，提高人才培养质量，积极推动教育教学、科学研究、实践实习等平台建设。建立的相关平台有：中科生态修复（江西）创新研究院、江西省乡村振兴战略研究院、大学生乡村振兴实践服务团、中国农村专业技术协会科技小院（江西安远蜜蜂科技小院；江西广昌白莲科技小院；江西上高水稻科技小院；江西修水宁红茶科技小院；江西彭泽虾蟹科技小院；江西赣州食用菌科技小院；江西井冈蜜柚科技小院）、江西农业教育与乡村发展研究中心等。

① 中科生态修复（江西）创新研究院合作框架协议（2020年9月26日）；

② 中国农村专业技术协会科技小院联盟（江西）管理办法（试行）（2020年7月1日）；

③ 江西农业大学关于成立江西省乡村振兴战略研究院学术委员会的通知（2019年12月21日）；

④ 江西农业大学关于同意设立"中国农村专业技术协会科技小院"的批复（2019年11月12日）；

⑤ 江西农业大学关于同意成立大学生乡村振兴实践服务团的批复（2018年9月17日）；

⑥ 江西农业大学关于成立江西农业教育与乡村发展研究中心等3个校级科研机构的通知（2018年4月9日）。

三是注重总结交流，不断推动成果应用推广。近几年来，学校相关研究人员围绕地方农业高校服务乡村人才振兴开展了许多研究工作。本书编者作为江西农业大学高等教育研究所工作人员、江西省乡村振兴战略研究院特约研究员，结合高等教育研究所的工作开展和相关科研课题的实施，完成了《江西农业大学校本研究报告》13期，发表了服务乡村人才振兴的实践与探索相关研究论文8篇，并多次在全国性农林高校相关会议上交流研究成果。本书对相关学术论文、研究报告进行了综合和重点参考，主要的研究系列论文和研究报告如下：

① 新中国成立70周年以来地方农业高校服务农村人才振兴的实践与探索——以江西农业大学为例，《中国农业教育》2019年第4期；

② 基于有特色、高水平的地方农业高校一流学科专业建设的实践与思考——以江西农业大学为例，《中国农业教育》2018年第2期；

③ 以学科为抓手推进有特色高水平大学建设——以江西农业大学为例，《中国农业教育》2017年第3期；

④ 建国70周年以来地方农业高校改革发展的实践与探索——以江西农业大学为例，《中国农业教育》2019年第3期；

⑤ 乡村振兴战略背景下新型职业农民培育的实践与思考——以江西农业大学为例,《中国农业教育》2018年第5期;

⑥ 德国双元制教育对我国高校实践教育的启示——以江西农业大学本科生实践教学为例,《中国农业教育》2018年第3期;

⑦ 加快培养农林卓越人才,精准服务乡村振兴战略——新时代江西农业大学服务乡村人才振兴的"四新"思考,《高等农业教育》2020年第5期;

⑧ 新冠疫情背景下高校线上教学的实践探索——以江西农业大学为例,《中国农业教育》2020年第4期;

⑨ 不忘初心兴三农 砥砺奋进谱华章——江西教育改革40年之江西农业大学篇,江西农业大学《校本研究报告》2018年第2期;

⑩ 江西教育改革40年:质量立校、特色兴校、人才强校——深化改革全面推进有特色高水平农业大学建设,江西高校出版社,2018年11月;

⑪ 江西农业大学本科教学工作审核评估自评报告,江西农业大学《校本研究报告》2017年第7期。

五、社会反响

学必期于用,用必适于地。实施乡村振兴,必须要有大批懂农业、爱农村、爱农民(简称"一懂两爱")的"三农"工作队伍,必须要有"宽博知识、宽精技能、宽厚素质","下得去、用得上、干得好、留得住"(简称"三宽四得")的创新创业人才。江西农业大学作为地方农业类高校,始终把服务"三农"作为自己的政治任务和重要使命,在农村人才培养上主动靠前站位,积极作为,精准育人。学校继承发扬"创新实践、学以致用、扎根基层"的办学理念和宝贵经验,致力培养具有"一懂两爱三宽四得"特质的"一专多能"型高素质乡村实用人才,相关工作得到了省内外兄弟高校、县级职能部门、乡镇基层、企业用户等各方的肯定,形成了具有农大特色的知农爱农新型农林高级专业人才与新型职业农民培育体系,得到了广泛的赞誉。

学校始终以立德树人为根本,新中国成立70年来学校累计培养了各类专业人才33万多人,他们大都扎根农业生产第一线,成为了生产、经营、管理和农业技术推广等领域的骨干力量和领导干部,为推动江西农业产业发展发挥了重要作用。同时,学校不断探索农业职业教育,努力实施"一村一名大学生工程",用心用情用力落实落细培养工作,为江西农村培养了一支"不走的扶贫工作队"和"永久牌"高素质农民队伍,自2012年起累计培养学员17730人(其中专科10946人,本科6784人),基本实现了全省每个行政村都有一名农民大学生。毕业学员95%以上扎根在农村生产、管理一线,他们已经成为江西农村基层组织的顶梁柱、现代农业的引领者、群众致富的新希望,为江西乡村振兴战略、夯实农村基层党建、打赢脱贫攻坚战、生态文明建设,提供了坚实的人力资源基石。探索形成了具有农大特色的、符合新时代农业农村发展需求的新型职业农民培养新模式,助力乡村人才振兴,被誉为新型职业农民培养的"江西样板"。

在课题研究实施过程中,我校探索建立了继续教育、农技推广、科技兴农"三位一体"的乡村人才培养机制,实施了"一村一名大学生"工程、科技特派团富民强县工程、科技小院工程、"掌上农技"线上线下科技服务等乡村人才培育计划,培养了一大批新型职业农民和乡土人才。学校结合"三创农技推广服务""6161农技推广服务"等科技下乡和精准脱贫工作,每年深入全省各市县现场技术指导20000余人次,培训乡土人才和新型职业农民15000余人次,与南昌县、德安县、铜鼓县、永新县、井冈山市、瑞金市等70多个县市,以及江西星火农林科技有限公司、江西绿能农业发展有限公司、江西博君生态农业开发有限公司等200多家农业龙头企业建立了科技合作关系,为各地农林优势产业发展和乡村振兴提供了较好的科技支撑和人才保障,得到了相关市县、乡村基层、农林企业、用人单位的广泛肯定。

同时,我校积极与省内外兄弟高校交流合作,并在全国相关学术研讨会上进行大会报告,推广服务乡村人才振兴方面的经验和做法,得到了各兄弟高校的广泛肯定。各级媒体针对我校服务乡村人才振兴工作,进行了广泛的报道,为我校进一步提升人才培养质量、服务乡村人才振兴营造了良好氛围。

第二部分　服务乡村人才振兴历史经验

第一章　深化改革全面推进有特色高水平农业大学建设
——江西教育改革40年之江西农业大学篇

新中国成立以来，中国高等教育经历了重重变革，发生了天翻地覆的变化，取得了举世瞩目的成就。特别是改革开放40年来，中国高等教育实现了跨越式发展，带动着中国也影响着世界的发展进程。进入新时代，中国高等教育正从教育大国向教育强国转变，从高等教育精英化向大众化、普及化迈进。实现"两个一百年"奋斗目标、实现中华民族伟大复兴的中国梦，归根到底靠人才、靠教育。建设教育强国是中华民族伟大复兴的基础工程，优先发展教育、加快教育现代化已经成为时代的强音。回顾改革开放40年来的发展历程，江西农业大学不忘初心兴"三农"、砥砺奋进谱华章，为加快推进学校"双一流"学科建设打下了扎实的基础，为加快建成有特色高水平农业大学提供了有力的支撑。

一、发展沿革：历史悠久，底蕴深厚，特色鲜明

江西农业大学办学溯源于1905年创办的江西实业学堂，1908年更名为江西高等农业学堂，1943年更名江西省立农业专科学校，1949年并入南昌大学农学院。本科教育肇始于1940年创办的国立中正大学，1949年更名为南昌大学。1952年以南昌大学农学院农学系、兽医系为主体组建江西农学院。1958年创办共产主义劳动大学，1965年更名为江西共产主义劳动大学总校。1969年江西农学院并入江西共产主义劳动大学总校。1980年更名为江西农业大学。是中国现

代农业高等教育的发祥地之一，是1952年全国高等学校院系大调整中唯一得到加强的江西高校，是以"半工半读、注重实践、学以致用、扎根基层"开展职业教育并在国内外产生广泛影响的高校，是1978年国务院批准的全国重点大学，是国家"中西部高校基础能力建设工程"支持高校，有着深厚的历史积淀和文化底蕴。改革开放40年来，学校发展可以分为4个阶段：

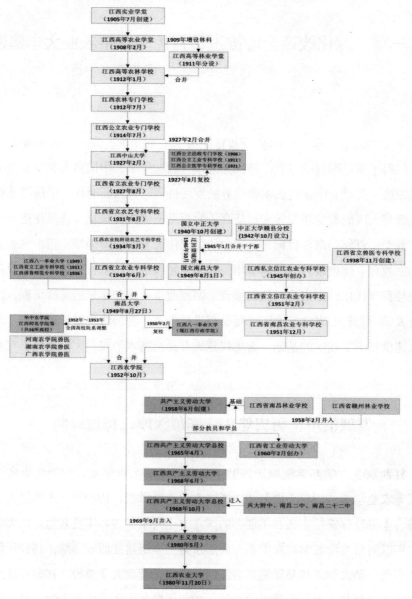

图2-1　江西农业大学发展历史沿革

转型过渡阶段（1978~1980年）：1978年江西共产主义劳动大学时期，共设有农学系、林学系、畜牧兽医系、农业机械化系、农业经济系、农村医疗系6个系，马列主义教研室、基础课教研室、体育室3个教研室。1978年2月，经国务院批准，江西共产主义劳动大学列为全国重点高等院校。1980年11月，江西共产主义劳动大学更名为江西农业大学，这标志着学校由半工半读转型为全日制办学体制，进入了新的历史发展阶段。到1980年年底，学校有教职员工1100多人，在校学生规模1550多人。

发展壮大阶段（1981~2000年）：江西农业大学更名之初，学校设有农学系、林学系、畜牧兽医系、农业机械化系、园艺系5个系。到2000年年底，江西农业大学本科教育60年之际，学校已经拥有14个院系，有教职员工1200多人，在校学生规模8300多人。学校克服了办学经费紧张和校办企业全面陷入困境的双重压力，完成了办学体制的转变，大力调整学科专业结构和培养方案，扩大学科门类和专业设置，建成江西省第一个省级重点实验室，获批省级重点学科和省级重点建设学科6个，获国家教学成果二等奖1项，获批2门江西省高校首批省级优质课程，学校逐步向多科性农业大学迈进。

快速发展阶段（2001~2010年）：新世纪的头十年，学校牢牢抓住国家实施教育优先发展战略、高等教育由精英教育向大众教育快速转变的历史机遇，确立"以农为优势，以生物技术为特色，多学科协调发展"的发展思路，提出"教学上质量、科研上水平、学科建设上层次、人才培养上规模、校园建设上品位"的奋斗目标。率先通过了教育部本科教学工作水平评估，突破了博士学位授予权，建成江西省第一个国家重点实验室培育基地，获得江西省第一个国家"杰青"项目，获得科技奖励改革以来江西省第一个国家技术发明奖、江西高校第一个国家科技进步奖、全省农业领域第一个省自然科学一等奖，育成江西省第一个获国家认定的超级稻新品种，学校总体上实现了规模、结构、质量、效益的协调发展。到2010年年底，学校已经拥有16个院系，有教职员工1400多人，在校本科生规模18500多人、全日制研究生规模1200多人。

内涵提升阶段（2011年至今）：学校提出了建设有特色高水平农业大学的奋斗目标，全力推进质量立校、人才强校、特色兴校战略，"十二五"规划任务圆满完成，"十三五"规划顺利实施，有特色高水平大学建设取得重要进展。学校先后成为农业农村部与省政府、国家林业与草原局与省政府共建高校，国家"中西部高校基础能力建设工程"高校。先后在江西省率先实现全省55年来中国科学院院士、独立依托本省科技力量建立省部共建国家重点实验室、国家科技重大专项、国家自然科学基金重大项目等多项重大核心办学指标零的突破；顺利通过教育部本科教学工作审核评估；获批省一流学科4个；新增一级博士学位点3个，一级博士学位点总数达到6个。目前，学校有教职员工1600多人，全日制在校生28000多人。今后一段时期，学校将致力于建设成为华东地区有重要影响、综合实力居省内前列、优势学科创国内一流的有特色高水平农业大学。

二、师资队伍：规模增长，结构优化，英才荟萃

改革开放40年来，学校始终把师资队伍建设作为一项全局性、战略性任务，制定了"精选、严育、重用、厚待"的师资培养方针和"数量足、质量好、业务精、水平高"的师资队伍建设目标，人才队伍的职称结构、学历结构、年龄结构明显改善，整体素质和水平逐步提高。产生了江西省第一位国家杰出青年科学基金获得者、江西省目前唯一的何梁何利基金科学与技术进步奖获得者，实现了江西自1955年以来本土培养中国科学院院士的突破、实现了江西高校两院院士的突破、实现了江西50岁以下两院院士的突破，涌现了一批学术造诣精湛、创新能力突出的中青年学术带头人和学术骨干，聚集了一群为人师表典范、教书育人楷模，荟萃了一拨国内外知名、知识渊博的专家学者，形成了一支结构相对合理、素质较高、学科领域覆盖较全的人才队伍。

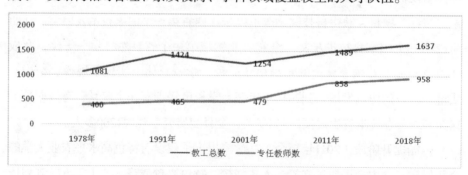

图2-2　江西农业大学教职工总数和专任教师数（1978~2018年）

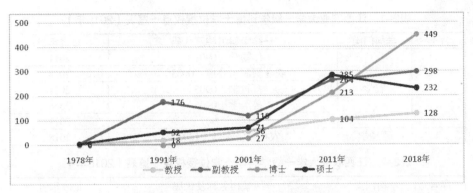

图2-3　江西农业大学专任教师学历和职称结构（1978~2018年）

目前，全校教职工总量超过1600人，专任教师中博士学位人员占比近50%。有江西省目前唯一的中国科学院院士、发展中国家科学院院士，还有"长江学者"、国家"杰青"以及"万人计划""百千万人才""外专千人"等国家级人才30余人，有省部级各类人才工程人选120人；有国家级及省部级创新团队、教学团队近20个；有国家级教学名师2人，全国优秀教师、全国模范教师及全国"杰出专业技术人才"、全国五一劳动奖章获得者15人，一批集体、个人荣获全国青年文明号、中国"青年五四奖章"等国家级荣誉称号。自2017年开始，学校设立了"大北农教学精英奖"，对教学一线教师予以奖励，鼓励大家争做"懂教育、爱学生、爱教学"的好老师。

三、学科建设：门类齐全，结构完善，优势突出

江西农业大学1962年开始招收硕士研究生，是全省最早从事研究生教育的高校。1981年成为全国首批具有硕士学位授予权的单位，2003年获博士学位授予权。目前，已经形成学士、硕士、博士不同层次的学位授予体系，学科涵盖农、理、工、经、管、文、法、教、艺9大门类，拥有6个一级学科博士点、20个一级学科硕士点、8个专业学位授予点、58个本科专业，有2个博士后科研流动站、1个博士后科研工作站。全校有15个教学单位招收培养硕士研究生，5个学院招收培养博士研究生。2014年，招收了江西省第一个外籍博士后。

表2-1 江西农业大学一级学科博士学位授权点一览表（2018年）

序号	学科门类	一级学科名称及代码	批准年份
1	农学	作物学（0901）	2011
		农业资源与环境（0903）	2018
		畜牧学（0905）	2011
		兽医学（0906）	2018
		林学（0907）	2011
2	管理学	农林经济管理（1203）	2018

表2-2 江西农业大学一级学科硕士学位授权点一览表（2018年）

序号	学科门类	一级学科名称及代码	批准年份
1	法学	马克思主义理论（0305）	2011
2	教育学	教育学（0401）	2011
3	理学	化学（0703）	2016
		生物学（0710）	2006
		生态学（0713）	2011
4	工学	计算机科学与技术（0812）	2011
		农业工程（0828）	2006
		食品科学与工程（0832）	2011
		风景园林学（0834）	2011
		生物工程（0836）	2017
5	农学	作物学（0901）	2006
		园艺学（0902）	2011
		农业资源与环境（0903）	2006
		植物保护（0904）	2011
		畜牧学（0905）	2006
		兽医学（0906）	2006
		林学（0907）	2006
6	管理学	工商管理（1202）	2011
		农林经济管理（1203）	2006
		公共管理（1204）	2011

表2-3 江西农业大学硕士专业学位授权点一览表（2018年）

序号	专业学位类别名称（代码）	专业领域名称（代码）	招生学院	批准年份
1	农业硕士（0951）	农业与种业（095131）	农学院	2002
		资源利用与植物保护（095132）	国土学院	
		畜牧（095133）	动科学院	
		食品加工与安全（095135）	食品学院	
		农业工程与信息技术（095136）	工学院	

续表

序号	专业学位类别名称（代码）	专业领域名称（代码）	招生学院	批准年份
1	农业硕士（0951）	农业管理（095137）	农学院	2002
		农村发展（095138）	经管学院	
2	兽医硕士（0952）		动科学院	2002
3	工程硕士（0852）	生物工程（085238）	生工学院	2010
4	林业硕士（0954）		林学院	2010
5	公共管理硕士（1252）		MPA教育中心	2010
6	风景园林硕士（0953）		林学院	2014
7	教育硕士（0451）	教育管理（045101）	职师学院	2016
		学科教学（英语）（045108）	外国语学院	
8	会计硕士（1253）		经管学院	2016

江西农业大学始终坚持以学科建设为核心，以学位授予点为依托，建设了一批不同层次的重点学科，为江西农业大学建设成为有特色高水平大学奠定了坚实基础。"十二五"期间，有1个国家林业和草原局重点学科、3个江西省高校高水平学科、7个省级重点学科、3个省级示范性硕士点和10个校级重点培育学科。2017年12月，江西农业大学畜牧学、作物学、林学、农业资源与环境共4个学科成功入选江西省一流学科建设名单。

四、人才培养：立德树人，深化改革，提高质量

1978年，国家开展高校招生制度改革，在统一考试、择优录取的招生制度下，学校招收了改革开放以来的第一批新生共计300人；1983年开始专科招生，到2011年停止专科招生，共延续29年；2017年学校招收本科生5009人。改革开放40年来，学校累计招收本专科生101340多人。2003年学校通过了教育部本科教学工作水平评估，2017年学校通过了教育部本科教学工作审核评估。

学位与研究生教育始于1962年，首批招收全日制硕士生4名，1978年招收硕士研究生2名，2002年首批招收非全日制硕士生52名，2004年首批招收全日制博士生11名。到2018年，学校招收661名全日制硕士生、57名全日制博士生、156名非全日制硕士生，各类在校研究生总规模达到3000多人。改革开放40年来，学校累计招收各类研究生10220多人。

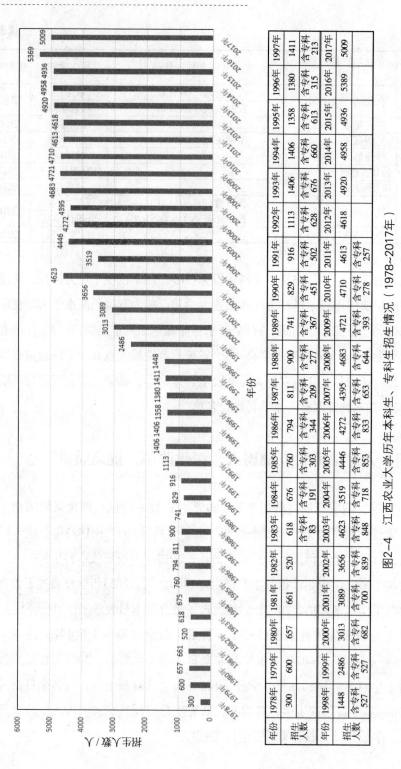

图2-4 江西农业大学历年本科生、专科生招生情况（1978~2017年）

年份	1978年	1979年	1980年	1981年	1982年	1983年	1984年	1985年	1986年	1987年	1988年	1989年	1990年	1991年	1992年	1993年	1994年	1995年	1996年	1997年
招生人数	300	600	657	661	520	618	676	760	794	811	900	741	829	916	1113	1406	1406	1358	1380	1411
年份	1998年	1999年	2000年	2001年	2002年	2003年	2004年	2005年	2006年	2007年	2008年	2009年	2010年	2011年	2012年	2013年	2014年	2015年	2016年	2017年
招生人数	1448	2486	3013	3089	3656	4623	3519	4446	4272	4395	4683	4721	4710	4613	4618	4920	4958	4936	5389	5009
	含专科 527	含专科 527	含专科 682	含专科 700	含专科 839	含专科 848	含专科 718	含专科 853	含专科 833	含专科 653	含专科 644	含专科 393	含专科 278	含专科 257							含专科 213

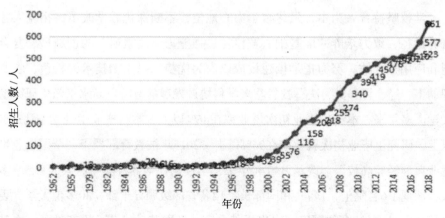

图2-5　江西农业大学历年硕士研究生招生情况统计表（1962~2018年）

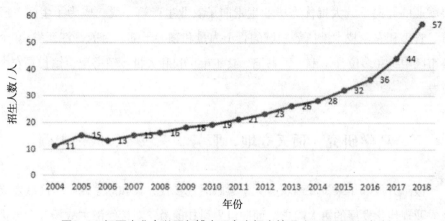

图2-6　江西农业大学历年博士研究生招生情况（2004~2018年）

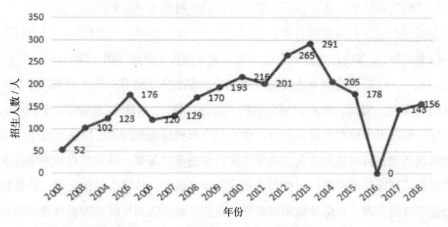

注：因为政策调整，2016年没有招收非全日制硕士研究生。

图2-7　江西农业大学历年非全日制硕士研究生招生情况（2002~2018年）

学校坚持育人为本，强化教学中心地位，不断深化教学改革，拓宽人才培养途径，致力培养"厚基础、宽口径、强能力、高素质"的创新型、复合型和应用型人才，努力把学校建设成以农为优势、以生物技术为特色，农、理、工、经、管、文、法、教、艺多学科协调发展的有特色高水平教学研究型大学。多年来，本科生毕业初次就业率在86%以上、本科毕业生升学率达20%以上，研究生毕业初次就业率在95%以上。2015年被教育部授予"全国毕业生就业典型经验高校"。改革开放40年来，学校累计培养各类专业人才11.5万多人，涌现了6名院士，1名共和国部长，12名省部级领导干部，30多位大学党委书记、校长，100多位国家有突出贡献专家、全国劳动模范、模范教师。在基层就业的导向下，大批优秀毕业生走向了农业生产第一线，成为了生产、经营、管理和农业技术推广等领域的骨干力量和领导干部。目前，江西省100个县市区中有30多位县（市）委书记、县（市）长和大批乡镇书记、镇长是农大校友。

五、科学研究：顶天立地，服务"三农"，成果丰硕

改革开放40年来，江西农业大学紧跟时代步伐，紧扣国家战略、区域发展及农业现代化发展的重大需求，面向世界科技前沿、对接经济主战场，大力推进科技创新和成果转化，科研经费持续增长、科研水平不断提升，涌现出一大批重要创新成果，共获得各类科技奖励600多项，其中国家级奖项10项、省部级以上奖项150多项，为我国农业经济和农业现代化发展作出了应有的贡献。

期间，学校自主研发主持完成的化学杀雄杂交水稻等科技成果荣获1978年全国科学大会奖励，育成的杂交水稻"赣化二号"1981年实现验收亩产867.44公斤，创造了水稻单产最高纪录；学校长期开展昆虫地理学、昆虫系统生物学等领域研究，科研成果荣获1990年国家科技进步二等奖。特别是自1999年国家科技奖励制度改革以来，学校自主研发主持完成的科技成果"猪重要经济性状功能基因的分离、克隆及应用研究""仔猪断奶前腹泻抗病基因育种技术的创建及应用"分别实现了江西省高校主持获得国家科技进步奖、江西省主持获得国家技术发明奖零的突破；学校自主研发主持完成的科技成果"家猪数量性状

的遗传解析"实现了江西省农业领域省级自然科学一等奖零的突破；学校主持完成的"江西双季超级稻新品种选育与示范推广"荣获国家科技进步二等奖。学校作为主要单位完成的"两系法杂交水稻技术研究与应用"荣获国家科技进步特等奖，"超级稻高产栽培关键技术及区域化集成应用""长江中游东南部双季稻丰产高效关键技术与应用""长江中下游山丘区森林植被恢复与重建技术""警犬良种保纯与高效繁育关键技术研究与推广应用""畜禽饲料中大豆蛋白源抗营养因子研究与应用"分别荣获国家科技进步二等奖。

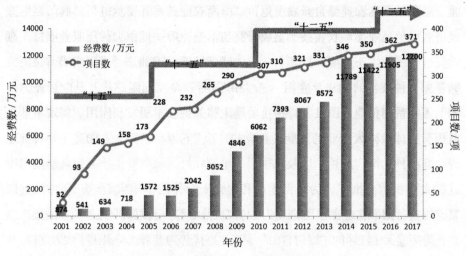

图2-8　江西农业大学历年科研项目和经费增长情况（2001~2017年）

　　改革开放以来，学校科研创新平台实现了从无到有、从弱到强的转变。1999年首家江西省重点实验室落户学校，2014年获批建设"省部共建猪遗传改良与养殖技术国家重点实验室"，成为江西首个完全依托本土科技力量独立建设的国家重点实验室。新农村发展研究院获批为江西省目前唯一的国家级高等学校新农村发展研究院。目前，学校依托优势特色学科，主持建设了国家重点实验室1个，国家地方联合工程实验室、教育部重点实验室、农业部重点实验室、国家林业和草原局重点实验室（工程技术研究中心）以及江西省重点实验室（工程技术研究中心）20个、省高校重点实验室4个、省高校高水平实验室（工程中心）2个，省级"2011协同创新中心"5个、南昌市重点实验室4个、校级各类科研平台50个，作为核心协同单位建设了国家级"2011协同创新中心"1个，"金字塔"型创新平台体系日趋完善，为促进创新链对接产业链夯实了基础。

六、社会服务：科技兴农，振兴乡村，成效显著

学校始终坚持扎根红土地、服务大农业的理念，依托农、林、牧等学科特色和优势，通过科技创新引领、成果转移转化、对口支援帮扶、政策决策咨询等方式途径，为破解"三农"问题精准发力。改革开放以来，学校先后主动实施了"鄱阳湖区农业综合开发示范""赣南农业技术开发示范""鄱阳湖生态经济区绿色高效循环农业技术集成研究与示范"等一批重大科技服务项目，有效促进了区域生态环境保护和农业产业经济发展。特别是"仔猪断奶前腹泻抗病基因育种技术的创建及应用""'中芯1号'全基因组芯片及其配套评估技术"等一系列猪遗传改良、育种重要理论和关键技术研发与应用，实现了"小基因"支撑生猪大产业的发展；选育的"淦鑫688""五丰优T025"等一批超级稻新品种的推广应用，以及双季稻"早蘖壮秆强源"等优质高效栽培技术模式的大面积示范推广，为水稻生产和粮食安全作出了重大贡献；森林植被恢复与重建、困难立地育林及矿山复垦与植被修复等一系列研究技术成果的推广应用，为持续保住江西的"绿树青山"、变生态优势为经济优势提供了大力支持。

近年来，学校科技社会服务体系不断完善，工作成效日渐提升。大力围绕生猪、水稻、油茶、柑橘、猕猴桃、蔬菜、薯类、茶叶、竹、牧草、牛羊、水禽、鸡、蜂、水产、休闲农业等特色优势产业，与江西省100多个县市区政府园区（企业、合作社）深度合作，建立了一批农业科技综合服务示范试验基地、特色产业示范基地、分布式服务站，拓宽科技成果示范与转换的渠道；大力开展对口支援帮扶、助力乡村振兴，形成了特色鲜明的"科技特派团6161精准扶贫与科技服务模式"，得到科技部等国家部门认可，在2016年全国扶贫日上作典型发言；大力服务乡村人才振兴，以"一村一""千村千"培养工程为主渠道，培训近10万名农业科技人才和新型职业农民，发起组建了一批"农民大学生创业联盟"，打造了新型职业农民培养"江西样板"；大力打造新型特色智库，创立内刊《调查与研究》，与北京大学联合成立了"江西乡村振兴研究院"，依托新农村发展研究院、"三农问题"研究中心等智库平台，形成了

精准扶贫、现代农业强省、生态文明建设等系列智库成果，多次获得省委省政府主要领导书面肯定性批示，为助推乡村振兴提供了智力支持。

在服务农村脱贫攻坚战中，学校以科技创新助推产业扶贫，围绕解决贫困群众实际问题，瞄准地方特色产业发力，为精准扶贫插上"智慧翅膀"。学校整合全校科技资源，积极推进"校地、校企、校所、校社、校村"的深度合作，探索出了一条以大学为主体，农科教相结合、产学研政用一体化的"科技服务+精准扶贫"的"6161"特色扶贫模式。"6161"即："一个服务团、服务一个产业、建好一个示范基地、培育一批乡土人才、协同解决一个关键技术、带动一方群众脱贫致富"；"一个专家、蹲点一个村、对接一个企业、推广一批实用技术、上好一堂培训课、带领一些贫困户脱贫"。

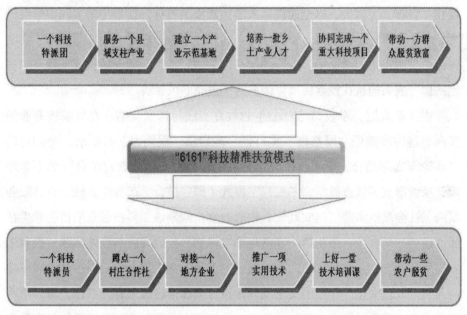

图2-9 江西农业大学"6161"科技精准扶贫模式

七、文化传承与创新：扎根基层，创新实践，学以致用

江西农业大学建校113年，是中国现代农业高等教育的发祥地之一。学校始终坚守"厚德博学，抱朴守真"的治学精神，涌现了胡先骕、周拾禄、杨惟义、黄路生等一大批学术大师，受到毛泽东、周恩来、朱德等老一辈党和国家

领导人的高度重视和亲切关怀，积淀了深厚的学术底蕴和精神文化。特别是从"实业学堂"到"共大"办学，形成了"扎根基层、创新实践、学以致用"的人才培养特色，得到了党中央、国务院的充分肯定，也得到国际教育界的广泛赞誉。

改革开放40年来，学校坚持继承发扬"扎根基层、创新实践、学以致用"的办学经验，围绕"加强基础，拓宽口径，注重实践，提高能力"的时代要求，进一步强化教育教学，及时调整教学计划、完善人才培养方案，1991年本科生实践教学改革成果被评为江西省教学成果一等奖。为加强学生素质教育和培养管理，1997年学校正式实施"五项"大学生教育工程（即"大厦"教育工程、"大学生文化素质"教育工程、"最佳"示范工程、校园基础文明建设工程和"春晖"工程），以全面提高大学生素质为目标，让学生在实践中学会做人、学会做事、学会学习、学会生存。同时，学校开展了"创文明校园、文明班级、文明寝室、做文明学生"的"三创一做"活动。"五项教育工程""三创一做"成为构筑我校素质教育体系的一道亮丽风景线。

进入新世纪，学校总结百余年的教育实践与探索，结合农科院校专业的实际，进一步按照"厚基础、宽口径、高素质、强能力"的要求，全面总结"理论与实际结合、学习与研究结合、学校教育与社会教育结合"的办学经验，探索形成了教育教学"三三三"模式（即：结合生产教学实践、科技服务实践、社会调研实践"三实践"，依靠教学实践基地、科技服务项目、学生社团活动"三平台"，强化第一课堂与第二课堂、校内实践与校外实践、教育培养与服务社会"三结合"），深入推进"五项教育工程""三创一做""一院一品""五色文化"等校园文化品牌建设，全面推进教书育人工作，着力培养"懂农业、爱农村、爱农民""下得去、用得上、留得住、干得好"的农业专业人才，深化了农大办学模式和素质教育特色，努力在服务"三农"发展和乡村振兴战略中作出新的更大贡献。

八、国际交流与合作：开放办学，多措并举，发展迅速

改革开放40年来，学校坚持开放办学的理念，在外国专家引进、公派留

学、招收留学生、国际合作办学等方面都得到了较大的发展，对外交流与合作日趋活跃，国际化办学水平不断提升。

20世纪80年代后期，学校开始聘请外籍教师，后来又设立了"梅岭学者""特聘教授"等外国人才引进项目。经过多年的坚持和努力，先后聘请了来自美国、加拿大、英国、德国、俄罗斯等国家和地区的30多位外籍高水平专家和优秀教师来我校任教或开展合作。他们当中有1人获批入选国家外专千人项目（江西省首位），2人获得中国政府友谊奖，4人获江西省庐山友谊奖，2人获国家高端外国专家项目资助，1人为江西首位外籍博士后。

学校积极开展公派留学项目，坚持通过国家留学基金委各类项目、江西省高等学校中青年教师国外访学项目、"百人远航工程"项目、JICA项目等渠道大力选派教师出国进修深造。目前，学校具有海外留学经历的教师达到223人（260人次），占专任教师的23.3%。各学科带头人和骨干教师中大部分都具有国外学习工作经历，涌现了以黄路生院士为代表的一批优秀归国留学人员，公派留学已成为学校师资队伍建设的重要组成部分。

20世纪80年代中期，学校开始招收来华留学生，2013年获批成为中国政府奖学金生培养院校。学校立足特色优势学科，培养了短期培训生、语言生、本科生、硕士生、博士生等各类来华留学生，招收了江西省首位外籍博士后，培养了江西省首位攻读学位毕业留学生。学校通过不断改进，已逐步建立了一套较为完善的来华留学生管理体系，来华留学生教育已逐步发展成为学校高等教育事业中一个新的组成部分。

学校积极提升国际化办学水平，与澳大利亚纽卡斯尔大学、英国埃塞克斯大学、美国密西西比州立大学等国外高校开展了校际合作，越来越多的学生通过各类出国项目赴海外学习实践。近年来，学校获批公派学生留学项目逐步增多，受资助的人数连续多年位居全省前列，现已涵盖优秀本科生国际交流项目、攻读博士、联合培养博士等公派研究生项目。同时，学校积极融入"一带一路"建设，是"一带一路、南南合作农业教育科技创新联盟"等国际创新联盟的首批成员单位。

九、党的建设：从严治党，强化监督，作风优良

改革开放40年来，学校党委坚持贯彻落实中央和省委省政府要求，坚持和加强党的全面领导，坚持党要管党、全面从严治党，深化管党治党政治责任，完善权力运行制约监督，推进党风政风向上向好，学校政治生态持续优化，为学校各项事业发展提供了根本保证。

基层组织建设全面加强。充分发挥基层党组织"两个作用"，扎实开展党的主题教育活动，深入推进"党建+"工作，实行学院党组织书记抓基层党建专项工作述职评议，党建工作"一院一品"格局基本形成，获国家级基层党建工作先进案例1项。思想政治工作扎实有效。深入贯彻落实全国、全省高校思想政治工作会议和相关文件精神，形成了全员育人、全过程育人、全方位育人的良好局面。深入挖掘"三色"文化资源，持续推进"五雅"为目标、"五项教育工程"为主要内容的学生教育管理模式，实现"天天有读书活动，周周有学术论坛，月月有志愿服务，季季有高雅文化，年年有创新实践"。干部队伍建设切实加强。严格按照好干部标准选人用人，始终建有一支公道正派、担当实干的干部队伍。严格实行干部聘任期制度，聚焦工作绩效，加强了处级班子和领导干部的考核。用好提醒函询诫勉、个人有关事项报告等制度，加大干部问责力度，干部监督管理持续严紧实。党风廉政建设落地生根。严格实行"一岗双责"和党政同责制度，党风廉政建设主体责任、监督责任全面落实。坚持把纪律挺在前面，构建了完备的廉政风险防控体系。持续开展正风肃纪专项检查，持续强化对重点工作、重点领域、关键环节的监督检查，确保了权力规范运行。深化党风党纪教育，贯彻中央八项规定，深入推进廉洁文化进校园工程。2006年被省委教育工委确定为全省廉政文化进校园工作试点高校，2010年被省纪委确定为廉政文化建设示范点，先后3次荣获全国教育纪检监察工作先进集体。

2018年7月8~9日，学校召开了第三次党员代表大会。大会对1992年7月学校第二次党员代表大会召开以来尤其是"十二五"以来的工作进行了总结，确立了未来五年及更长一个时期的奋斗目标、工作思路和重大任务。学校第三次党代会是一个凝心聚力、团结奋进的大会，是继往开来、再创辉煌的崭新起

点。大会号召全校党员和全体师生振奋精神、开拓进取，对照学校的发展目标和中心任务，找准自己的工作职责，把自己摆进去，把责任担起来，为把学校建成"华东地区有重要影响、综合实力居省内前列、优势学科创国内一流"的有特色高水平农业大学继续努力奋斗！

伴随着改革开放40年的辉煌历程，中国高等教育历经了科教兴国、教育优先发展、人才强国、教育自信等不同战略时期。江西农业大学始终认真遵循我国高等教育发展的方针政策，与江西高等教育发展同频共振，致力于"解民生之多艰，育天下之英才"，让立德树人更好地落到实处；江西农业大学始终努力贯彻科教兴国战略、人才强国战略、创新驱动战略、乡村振兴战略等国家战略，"求知力行期有为，修己安人奠国基"，为实现江西"教育强省""农业强省"奋力担当。昂首奋进新时代，同心共筑中国梦。江西农业大学作为百年老校，将在"双一流"建设、教育现代化建设等新的征程中，始终坚持以"农"为办学之本，秉承"团结、勤奋、求实、创新"的农大校训，发扬"厚德博学，抱朴守真"的农大精神；始终坚持管党治党、质量立校、特色兴校、人才强校战略，以农为优势、以生物技术为特色、多学科协调发展，朝着有特色高水平大学建设目标阔步前进；始终坚持贯彻落实科教兴国战略、人才强国战略和乡村振兴战略，拥抱新时代、展现新作为、谱写新篇章，为决胜全面建成小康社会，实现中华民族伟大复兴的中国梦，作出新的更大贡献。

第二章　地方农业高校改革发展的实践与探索

——新中国成立70周年来江西农业大学的经验与启示

新中国成立70年来，中国高等教育经历了重重变革，发生了天翻地覆的变化，取得了举世瞩目的成就。特别是改革开放40年来，中国高等教育实现了跨越式发展，带动着中国也影响着世界的发展进程。进入新时代，中国高等教育正从教育大国向教育强国转变，从高等教育精英化向大众化、普及化迈进。实现"两个一百年"奋斗目标、实现中华民族伟大复兴的中国梦，归根到底靠人才、靠教育。建设教育强国是中华民族伟大复兴的基础工程，优先发展教育、加快教育现代化已经成为时代的强音。回顾新中国成立70周年来的发展历程，江西农业大学历经"江西农学院""江西共产主义劳动大学""江西农业大学"等不同办学时期，学校始终不忘初心兴"三农"、砥砺奋进谱华章，为加快推进学校"双一流"学科建设打下了扎实的基础，为江西农业农村发展提供了有力的支撑。

一、砥砺奋进：立足农业，求知力行，特色兴校

江西农业大学办学溯源于1905年创办的江西实业学堂，1908年更名为江西高等农业学堂，1943年更名江西省立农业专科学校，1949年并入南昌大学农学院。本科教育肇始于1940年创办的国立中正大学，1949年5月南昌解放，前国立中正大学改名为国立南昌大学，下设政治学院、工学院、农学院、理学院、文艺学院和体育专科部。1952年以南昌大学农学院农学系、兽医系为主体组建

江西农学院。1958年创办共产主义劳动大学，1965年更名为江西共产主义劳动大学总校。1969年江西农学院并入江西共产主义劳动大学总校。1980年更名为江西农业大学。从1905年创办至今，江西农业大学已经有110多年的历史，是中国现代农业高等教育的发祥地之一，有着深厚的历史积淀和文化底蕴。新中国成立70周年来，学校发展可以分为5个阶段：

（一）改革开放前期（1949~1978年）：探索开拓，砥砺前行

1952年10月，以南昌大学农学院农学系、兽医系为主体组建江西农学院，1953年开始招生，设农学、兽医2个专业，分本科和中技2个层次。后扩展到农学、牧医、园艺、农机4个系，农化、土化、植保、畜牧、兽医、园艺、农机7个专业，基本形成现代农业大学的格局。1958年创办共产主义劳动大学，1965年更名为江西共产主义劳动大学总校。1969年江西农学院并入江西共产主义劳动大学总校。1978年国务院批准为全国重点大学，1980年更名为江西农业大学。江西农学院办学17年，共培养4769名毕业生，其中本科毕业生4449名、中技部（中专）毕业生320名。江西共产主义劳动大学办学22年，共培养22.4万多名毕业生，其中共大总校培养了10583名各类人才。特别是"共大"时期，开中国职业教育之先河，在"半工半读、勤工俭学"办学方针的指导下，学校不断完善教学、生产、科研三结合的人才培养特色，得到了党中央、国务院的充分肯定，也得到国际教育界的广泛赞誉。

（二）转型过渡阶段（1978~1980年）：转型办学，整装再发

1978年江西共产主义劳动大学时期，共设有农学系、林学系、畜牧兽医系、农业机械化系、农业经济系、农村医疗系6个系，马列主义教研室、基础课教研室、体育室3个教研室。1978年2月，经国务院批准，江西共产主义劳动大学列为全国重点高等院校。1980年11月，江西共产主义劳动大学更名为江西农业大学，这标志着学校由半工半读转型为全日制办学体制，进入了新的历史发展阶段。到1980年年底，学校有教职员工1100多人，在校学生规模1550多人。

（三）发展壮大阶段（1981~2000年）：继承创新，扬帆远航

江西农业大学更名之初，学校设有农学系、林学系、畜牧兽医系、农业机械化系、园艺系5个系。到2000年年底，江西农业大学本科教育60年之际，学校已经拥有14个院系，有教职员工1200多人，在校学生规模8300多人。学校克服了办学经费紧张和校办企业全面陷入困境的双重压力，完成了办学体制的转变，大力调整学科专业结构和培养方案，扩大学科门类和专业设置，建成江西省第一个省级重点实验室，获批省级重点学科和省级重点建设学科6个，获国家教学成果二等奖1项，获批2门江西省高校首批省级优质课程，学校逐步向多科性农业大学迈进。

（四）快速发展阶段（2001~2010年）：提速增效，奋发图强

新世纪的头十年，学校牢牢抓住国家实施教育优先发展战略、高等教育由精英教育向大众教育快速转变的历史机遇，确立"以农为优势，以生物技术为特色，多学科协调发展"的发展思路，提出"教学上质量、科研上水平、学科建设上层次、人才培养上规模、校园建设上品位"的奋斗目标。率先通过了教育部本科教学工作水平评估，突破了博士学位授予权，建成江西省第一个国家重点实验室培育基地，获得江西省第一个国家"杰青"项目，获得科技奖励改革以来江西省第一个国家技术发明奖、江西高校第一个国家科技进步奖、全省农业领域第一个省自然科学一等奖，育成江西省第一个获国家认定的超级稻新品种，学校总体上实现了规模、结构、质量、效益的协调发展。到2010年年底，学校已经拥有16个院系，有教职员工1400多人，在校本科生规模18500多人、全日制研究生规模1200多人。

（五）内涵提升阶段（2011年至今）：发展升级，争创一流

进入新时代，学校提出了建设有特色高水平农业大学的奋斗目标，全力推进质量立校、人才强校、特色兴校战略，"十二五"规划任务圆满完成，"十三五"规划顺利实施，有特色高水平大学建设取得重要进展。学校先后成为农业农村部与省政府、国家林业与草原局与省政府共建高校，国家"中西部高校基础能力建设工程"高校。先后在江西省率先实现全省55年来中国科学院

院士、独立依托本省科技力量建立省部共建国家重点实验室、国家科技重大专项、国家自然科学基金重大项目等多项重大核心办学指标零的突破；顺利通过教育部本科教学工作审核评估；获批江西省一流学科4个；新增一级博士学位点3个，一级博士学位点总数达到6个。目前，学校有教职员工1600多人，全日制在校生28000多人。今后一段时期，学校将致力于建设成为华东地区有重要影响、综合实力居省内前列、优势学科创国内一流的有特色高水平农业大学。

二、坚守初心：育人为本，科教兴农，质量立校

作为地方农业院校，江西农业大学是一所以农为优势、以生物技术为特色、多学科协调发展的教学研究性、有特色高水平大学。当前综合实力省内前列，部分学科行业一流。学校1940年开始本科教育，1962年开始硕士研究生教育，1981年成为全国首批具有硕士学位授予权的单位，2003年获博士学位授予权。学校现有一级学科博士点6个，二级学科博士点20余个；一级学科硕士点20个，二级学科硕士点77个。有硕士专业学位类别8种。有4个江西省一流学科，1个国家林业局重点学科，3个江西省高水平学科，7个省级重点一级学科。有2个博士后流动站，1个博士后工作站。新中国成立70周年来，学校围绕人才培养、科学研究、服务社会、文化传承与创新、国际与交流合作五大功能，奋力担当、积极作为。

（一）人才培养：立德树人，深化改革，提高质量

新中国成立70周年来，学校累计培养本专科生33万多人。2003年学校通过了教育部本科教学工作水平评估，2017年学校通过了教育部本科教学工作审核评估。学校学位与研究生教育始于1962年，2002年开始招收非全日制硕士生，2004年开始招收全日制博士生，到2019年学校累计招收各类研究生11100多人，目前各类在校研究生总规模将近3000人。

学校始终坚持育人为本，强化教学中心地位，不断深化教学改革，拓宽人才培养途径，致力培养"厚基础、宽口径、强能力、高素质"的创新型、复合型和应用型人才。多年来，本科生毕业初次就业率在86%以上、本科毕业生

升学率达20%以上，博士研究生毕业初次就业率100%、硕士研究生毕业初次就业率在95%以上，硕士毕业生升学率在10%以上。目前，已经形成猪、稻、牛、果、树等人才培养特色和优势，培养各类毕业生30多万人，形成了"一村一名大学生"农业人才培养模式和品牌，打造了新型职业农民培养的"江西样板"。在基层就业的导向下，大批优秀毕业生走向了农业生产第一线，成为了生产、经营、管理和农业技术推广等领域的骨干力量和领导干部。2015年被教育部授予"全国毕业生就业典型经验高校"。

（二）科学研究：顶天立地，服务"三农"，成果丰硕

新中国成立70周年来，江西农业大学紧跟时代步伐，紧扣国家战略、区域发展及农业现代化发展的重大需求，面向世界科技前沿、对接经济主战场，大力推进科技创新和成果转化，科研经费持续增长、科研水平不断提升。"十二五"以来，学校承担纵向科研项目2000余项，年均到账科研经费超过1亿元。涌现出一大批重要创新成果，共获得各类科技奖励600多项，其中国家级奖项10项、省部级以上奖项150多项。特别是自1999年国家科技奖励制度改革以来，学校主持完成的科技成果"猪重要经济性状功能基因的分离、克隆及应用研究""仔猪断奶前腹泻抗病基因育种技术的创建及应用"分别实现了江西省高校主持获得国家科技进步奖、国家技术发明奖零的突破。社会各界和新闻媒体以"一头猪"（优质种猪）、"一株稻"（高产超级稻）、"一种果"（赣南脐橙）、"一头牛"（高安肉牛）、"一棵树"（现代林木），直观而生动地描述了我校引领江西农业现代产业发展的重要贡献。

新中国成立70周年来，学校科研创新平台实现了从无到有、从弱到强的转变。1999年首家江西省重点实验室落户学校，2014年获批建设"省部共建猪遗传改良与养殖技术国家重点实验室"，成为江西首个完全依托本土科技力量独立建设的国家重点实验室。2014年获批新农村发展研究院，为江西省目前唯一的国家级高等学校新农村发展研究院。目前，学校有国家重点实验室1个，国家地方联合工程实验室、教育部重点实验室、农业部重点实验室、国家林业和草原局重点实验室（工程技术研究中心）以及江西省重点实验室（工程技术研究中心）20个、省高校重点实验室4个、省高校高水平实验室（工程中心）

2个，省级"2011协同创新中心"5个，作为核心协同单位建设了国家级"2011协同创新中心"1个。学校"金字塔"型创新平台体系日趋完善，为促进创新链对接产业链夯实了基础。

（三）社会服务：科技兴农，振兴乡村，成效显著

学校始终坚持扎根红土地、服务大农业的理念，依托农、林、牧等学科特色和优势，通过科技创新引领、成果转移转化、对口支援帮扶、政策决策咨询等方式途径，为破解"三农"问题精准发力。特别是"仔猪断奶前腹泻抗病基因育种技术的创建及应用""'中芯1号'全基因组芯片及其配套评估技术"等一系列猪遗传改良、育种重要理论和关键技术研发与应用，实现了"小基因"支撑生猪大产业的发展；选育的"淦鑫688""五丰优T025"等一批超级稻新品种的推广应用，以及双季稻"早蘖壮秆强源"等优质高效栽培技术模式的大面积示范推广，为水稻生产和粮食安全作出了重大贡献；森林植被恢复与重建、困难立地育林及矿山复垦与植被修复等一系列研究技术成果的推广应用，为持续保住江西的"绿树青山"、变生态优势为经济优势提供了大力支持。

围绕乡村振兴，学校科技社会服务体系不断完善，工作成效日渐提升。围绕生猪、水稻、油茶、柑橘、猕猴桃、蜜蜂、休闲农业等特色优势产业，与江西省100多个县市区政府园区（企业、合作社）深度合作，建立了一批农业科技综合服务示范试验基地、特色产业示范基地、分布式服务站，拓宽科技成果示范与转换的渠道；开展对口支援帮扶、助力乡村振兴，形成了特色鲜明的"科技特派团6161精准扶贫与科技服务模式"，得到科技部等国家部门认可，在2016年全国扶贫日上作典型发言；与北京大学联合成立了"江西乡村振兴研究院"，建设新型特色智库，创立内刊《调查与研究》，智库成果多次获得省委省政府主要领导肯定性批示，为助推乡村振兴提供了智力支持。

（四）文化传承与创新：扎根基层，创新实践，学以致用

新中国成立70周年来，学校始终坚守"厚德博学，抱朴守真"的治学精神，继承发扬"扎根基层、创新实践、学以致用"的办学经验，积淀了深厚的学术底蕴和精神文化。从"江西农学院""共大"到"江西农业大学"，学校

继承和发扬"教""育"并重思想，强调"优""效"教学，"量""质"协进，追求人才培养优质长效、终身发展。不断强化教育教学，及时调整教学计划、完善人才培养方案，1991年本科生实践教学改革成果被评为江西省教学成果一等奖。为加强学生素质教育和培养管理，1997年以来，学校正式实施"五项"大学生教育工程（即"大厦"教育工程、"大学生文化素质"教育工程、"最佳"示范工程、校园基础文明建设工程和"春晖"工程）、"三创一做"活动（创文明校园、文明班级、文明寝室，做文明学生），以全面提高大学生素质为目标，让学生在实践中学会做人、学会做事、学会学习、学会生存。

进入新世纪，学校总结百余年的教育实践与探索，结合农科院校人才培养的实际，进一步按照"厚基础、宽口径、高素质、强能力"的要求，探索形成了教育教学"三三三"模式（即：结合生产教学实践、科技服务实践、社会调研实践"三实践"，依靠教学实践基地、科技服务项目、学生社团活动"三平台"，强化第一课堂与第二课堂、校内实践与校外实践、教育培养与服务社会"三结合"），深入推进"五项教育工程""三创一做""一院一品""五色文化"等校园文化品牌建设，全面推进教书育人工作，着力培养"懂农业、爱农村、爱农民""下得去、用得上、留得住、干得好"的农业专业人才，深化了农大办学模式和素质教育特色。

（五）国际交流与合作：开放办学，多措并举，发展迅速

新中国成立70周年来，学校始终紧扣国情农情、坚持开放办学的理念，对中国农业教育和现代职业教育进行了积极探索。特别是"共大"时期，作为农村职业教育的一种新的探索，以其独特的办学思想、理念，在国内外产生了深远影响。据统计，1968年至1980年就有86个国家和地区的549批外国朋友共7496人到"共大"学校访问考察。改革开放以来，学校在外国专家引进、公派留学、招收留学生、国际合作办学等方面都得到了较大的发展，对外交流与合作日趋活跃，国际化办学水平不断提升。学校设立了"梅岭学者""特聘教授"等外国人才引进项目，先后聘请了来自美国、加拿大、英国、德国、俄罗斯等国家和地区的30多位外籍高水平专家和优秀教师来我校任教或开展合作。他们当中有1人获批入选国家外专千人项目（江西省首位）、1人为美国科学院

外籍院士和沃尔夫奖获得者，2人获得中国政府友谊奖，4人获江西省庐山友谊奖，2人获国家高端外国专家项目资助，1人为江西首位外籍博士后。

学校积极开展公派留学项目，坚持通过国家留学基金委各类项目、江西省高等学校中青年教师国外访学项目、"百人远航工程"项目、JICA项目等渠道大力选派教师出国进修深造。目前，学校具有海外留学经历的教师占专任教师的25%以上，各学科带头人和骨干教师中大部分都具有国外学习工作经历，涌现了以黄路生院士为代表的一批优秀归国留学人员，公派留学已成为学校师资队伍建设的重要组成部分。同时，学校积极提升国际化办学水平，与澳大利亚纽卡斯尔大学、英国埃塞克斯大学、美国密西西比州立大学等国外高校开展了校际合作，越来越多的学生通过各类出国项目赴海外学习实践。

三、坚定信心：在农为农，科教兴农，内涵强校

江西农业大学建校110多年来，始终坚守"厚德博学，抱朴守真"的治学精神，始终坚守"求知力行期有为，修己安人奠国基"的家国情怀，不忘初心、矢志农业，奋力担当农业高等教育之职责和使命。但因为地域、区位、条件等因素制约，特别是师资队伍总量不足和高层次人才缺乏、教研平台有限、办学经费紧张、地域偏僻吸引力不强、学校周边环境较差、历史包袱较重等系列困难，学校发展建设与社会要求相比存在差距和短板。一是学校总体发展速度偏慢，核心竞争力需要进一步提升；二是师资总量不足和高层次人才缺乏，学科整体水平需要进一步提升；三是标志性科技创新成果和资政成果不多，服务地方经济能力需要进一步提升；四是条件保障和民生领域存在短板，办学条件水平需要进一步提升。

（一）深化内涵建设：传承创新，突出重点，精准发力

未来几年，是全国高校"双一流"建设的关键年份，也是学校"内涵建设"的关键年份。省一流学科建设、校级重点（培养）学科（专业）建设、新增学位点建设、下一轮学科评估和学位点申报、师资队伍建设、人才培养质量提高、科研质量提高、社会服务提升、国际合作交流提速等一件件任务、

一个个挑战已经摆在了学校前进的道路上，江西农业大学将直面其中的差距和短板，认认真真地低头拉车、抬头看路，找准前进的方向。围绕"人才培养""科学研究""社会服务""文化传承与创新""国际合作交流"等方面存在的差距和短板，要突出重点，精准发力，不断深化内涵建设，扭转学校排名下滑的局面，早日实现进位赶超，为把学校早日建成"华东地区有重要影响，综合实力居省内前列，特色学科创国内一流"的有特色高水平农业大学而努力。一是着力推进教育教学改革，提高人才培养质量；二是着力推进学科组织化建设，打造若干一流水平学科；三是着力提高自主创新和社会服务能力，增强支撑引领发展水平；四是着力推进高端人才聚集，建设高水平师资队伍；五是着力推进国际交流合作，提升国际化办学水平；六是着力推进条件平台建设，提升服务保障能力。

（二）强化科教兴农：目标导向，需求导向，问题导向

在"乡村振兴""一带一路"的背景下，我国农业产业发展和全球化布局面临着许多新机遇、新要求、新挑战。江西农业大学将进一步对接乡村振兴、"一带一路"中的农业农村人才需求、科技需求，创新农业实用人才培养体系，培养符合新时代发展需求、具有农业国际化视野的新型职业农民；加大农业科技创新平台建设，进一步提升农业科技研发能力、农业科技推广应用能力、农业科技咨询服务能力，大力推进农业科技创新和成果转化，支撑引领区域经济社会发展；进一步实施好"一村一名大学生"工程、科技特派团（员）工程、特色产业精准扶贫示范工程，形成了具有农大特色的服务"三农"的模式和品牌，为服务农业现代化、农村现代化、农民现代化作出新的更大贡献。一是发挥学科专业优势，为江西农业农村经济贡献力量；二是推进科技创新与成果转化，助力江西产业发展升级；三是持续开展精准扶贫，助力江西与全国同步全面小康；四是承接"一村一名大学生工程"，助力江西乡村人才振兴；五是加强特色新型智库建设，为江西发展提供重要智力支持。

共和国已经走过了70周年的辉煌历程，中国高等教育进入了教育优先发展、树立教育自信的新的历史时期。昂首奋进新时代，同心共筑中国梦。江西农业大学作为百年老校，将在"双一流"建设、教育现代化建设等新的征程

中，始终坚持以"农"为办学之本，秉承"团结、勤奋、求实、创新"的农大校训，发扬"厚德博学，抱朴守真"的农大精神；始终坚持质量立校、特色兴校、内涵强校战略，以农为优势、以生物技术为特色、多学科协调发展，朝着有特色高水平大学建设目标阔步前进；始终坚持我国高等教育发展的方针政策，与江西高等教育发展同频共振，让立德树人更好地落到实处，为农业、农村、农民现代化再立新功；始终坚持贯彻落实科教兴国战略、人才强国战略和乡村振兴战略，拥抱新时代、展现新作为、谱写新篇章，为决胜全面建成小康社会，实现中华民族伟大复兴的中国梦，作出新的更大贡献。

第三章　地方农业高校服务农村人才振兴的实践与探索

——新中国成立70周年来江西农业大学的经验与启示

新中国成立以来，"三农"问题始终是关系到国计民生的全局性和根本性问题，解决好"三农"问题始终是党和国家全部工作的重中之重。从新中国成立初的土地改革、农业合作化运动到人民公社的兴起，到改革开放以家庭联产承包责任制为主要形式的农村经济体制改革，到进入新世纪连续16年颁布"中央一号文件"指导"三农"工作，凸显了国家对"三农"工作的重视，"三农"工作也因此取得了辉煌的成就。进入新时代，党的十九大报告明确提出：农业农村农民问题是关系国计民生的根本性问题，必须始终把解决好"三农"问题作为全党工作的重中之重。要坚持农业农村优先发展，实施乡村振兴战略。2019年"中央一号文件"再次聚焦"三农"，明确提出：做好"三农"工作具有特殊重要性，必须坚持把解决好"三农"问题作为全党工作的重中之重不动摇。新中国成立70周年来，尽管不同的时期国家所面临的任务和焦点有所不同，但"三农"问题始终与国家的前途和命运联系在一起。坚持农业农村优先发展、实施乡村振兴战略，破解好"三农"问题，是解决人民日益增长的美好生活需要和不平衡不充分的发展之间矛盾的必然要求，是实现'两个一百年'奋斗目标的必然要求，是实现全体人民同步小康、共同富裕的必然要求。发展是第一要务，人才是第一资源，创新是第一动力。乡村要振兴、人才是关键，培养造就一支懂农业、爱农村、爱农民的"三农"工作队伍，始终是农业高校的职责和使命。新中国成立70周年来，江西农业大学历经"江西农学院""江西共产主义劳动大学""江西农业大学"等不同办学时期，但作为地方农业高校，学校始终不忘初心兴"三农"、砥砺奋进谱华章，不断探索农业职业教育，为乡村人才振兴作出了非常积极的探索，为江西农业农村发展提供了有力的人才保障。

一、共大办学开新篇（1958～1980）：半工半读、扎根基层、学以致用

江西农业大学最早溯源于1905年创办的江西实业学堂，当年中国废除科举制度，学校以兴新学、救国家为己任，致力于培养实业报国的专门人才。本科教育肇始于1940年创办的国立中正大学，首任校长、著名的植物学家胡先骕教授积极倡导"教""育"并重的育人理念，强调要培养有国学素养和实践能力的专门人才。1952年，江西农学院成立，学校继承和发扬"教""育"并重思想，强调"优""效"教学，"量""质"协进，追求人才培养优质长效、终身发展。

1958年，中共江西省委按照党中央关于"半工半读"的教育思想创办了江西共产主义劳动大学。学校立足发展农业生产须从提高广大农民的文化水平入手，让上不起学的农民上学，为农业发展培养农业专业人才。"共大"成立之日起，就确定了"半工（农）半读，勤工俭学，学习与劳动相结合，政治与业务相结合"的办校方针，开设了农业、林业、畜牧业、农业经济、农业机械、兽医等专业，从招生、学制、经费上适合农民的现状，以各地垦殖场为基础办学，学员边劳动、边上学，自己解决办学资金问题。创办劳动大学，就是为了广大的工农群众创造上学的机会，使尽可能多的工人农民成为有文化、有作为的一代新人，为振兴农业农村经济培养各类人才。

"共大"的办学体制、教学内容、教学方法可以简单归纳为以下几点：一是办学体制上，学校根据自身的办学条件和地方经济发展建设的需要，建立了与学校系科、专业规模相适应的生产基地，因地制宜地设置专业和招生规模，实行系（科）场（厂）合一和组队班合一的体制，确保教学组织和生产组织的有机结合；二是教学内容上，要求少而精、学以致用，坚持面向地区、面向生产、面向实际，坚持做什么、缺什么、学什么，做到教学、生产、科研三结合，使学生集"学生、农民（工人）、技术员"三种身份于一身；三是在教学

方法上，班（教学班）队（生产队或车间）组（教研组）相结合，课堂理论教学与生产现场教学紧密结合，围绕生产季节制定教学计划，安排教学内容，坚持教学、生产、科研统一安排、统一计划、统一管理、统一领导，实行场系合一，确保产学研用紧密结合。

"共大"办学22年，共培养22.4万多名毕业生（其中共大总校培养了10583名各类人才），建校舍73万平方米，开垦水田3200多公顷，经营果园山林2.4万余公顷，生产粮食1.8亿多万公斤，总收入4.5亿多元。"共大"办学开中国职业教育之先河，是全国面积最大、学生最多、国家相对花钱最少的大学，在"半工半读、勤工俭学"办学方针的指导下，学校不断完善教学、生产、科研三结合的人才培养特色，得到了毛泽东、周恩来、朱德、刘少奇等党和国家领导人的充分肯定，也得到国际教育界的广泛赞誉。据1968年至1980年的统计，有86个国家和地区的549批外国朋友共7496人到"共大"访问考察。国内各省、市考察者达269批55424人次。

"共大"以服务农业、服务农村、服务农民为宗旨，把学校办在广大山区农村，办到农业生产第一线，办到工农劳动群众的家门口，密切了教育与社会实践之间的关系，形成了"注重教学实践、科研实践、生产实践，以科研实践见长，重在培养学生研究能力为主"的办学特色。"共大"办学最主要的经验是"学以致用""社来社去"。具体讲：一是面向农业农村、社会基层设置专业，学生半工半读，实行教学、生产、科研相结合，培养满足社会需求的实用人才；二是独立自主招生，毕业生多数实行"订单式培养""社来社去"，即从农村来回到农村去，为农村建设出力。教育为兴国之本，"共大"的半工半读、勤俭办学、扎根基层、学以致用等办学理念，正在以其适应今天教育国情农情而显示出不可磨灭的影响，为办好中国特色社会主义教育留下了丰富的历史经验和厚重的精神财富。

二、改革进程有作为（1978~2012）：继续教育、农技推广、科技兴农

1980年11月，江西共产主义劳动大学更名为江西农业大学。这标志着学

校由"半工半读"转型为"全日制"办学体制，进入了新的历史发展阶段。更名之初，学校设有农学系、林学系、畜牧兽医系、农业机械化系、园艺系5个系。有教职员工1100多人，在校学生规模1550多人。到2012年，学校已经拥有16个院系，有教职员工1500多人，在校本科生规模18600多人。学校学位与研究生教育始于1962年，2002年开始招收非全日制硕士生，2004年开始招收全日制博士生，至2012年学校有全日制研究生1300多人、非全日制研究生600多人。1984年学校成立了农业技术培训推广中心。1986年成立函授部。1993年在函授部的基础上成立了成人教育学院。1994年学校农业技术培训推广中心并入成人教育学院。2011年3月成人教育学院更名为继续教育学院。2012年10月，成立江西农业大学管理干部学院，与继续教育学院合署办公，实行"两块牌子，一套人马"的管理模式。至此，学校"全日制""非全日制"教育双轨并进，本、硕、博层次教育体系更加完善。

在农业职业教育方面，学校主要依托继续教育学院/管理干部学院开展工作。该学院依托全日制农科专业设置特色和师资力量，结合农村基层和农业人才需求，承担了学校成人高等学历教育、高等教育自学考试和成人非学历教育培训的继续教育工作任务。成人高等学历教育采用函授形式开展教学，集中面授与实践学习相结合，传承了原共产主义劳动大学半工半读的教学特色；高等教育自学考试以学生自主学习为主，每年集中到校进行实践环节考核及加试课程的考试，同时线上进行老师授课辅导；非学历教育以面授为主，结合实践基地考察学习，将理论知识运用于实践操作中，产学用结合，取得了非常好的教学效果。

改革开放以来，以函授、自考、培训的途径面向江西广大农村基层开展农民职业教育，累计培养成人高等教育函授学生4万余人、自考学生1万多人，累计举办非学历教育培训班80余个，参训人次1万余人。毕业生遍布全省各乡村，大多数成为农业生产、经营、管理和农业技术推广等领域的骨干力量和领导干部，为江西农业农村经济发展提供了重要的人才保障。学院因为工作成效显著，被列为国家农民专业合作社人才培养实训基地、省基层农技推广人员培训基地、省新型职业农民培训基地，取得了可喜的成绩和高度的肯定。

三、奋进建树新时代（2012年至今）：人才振兴、科技服务、智力帮扶

进入新时代，江西农业大学通过凝练专业优势和自身特色，在多年实践探索积累的基础上，构建了层次分明、布局合理、特色鲜明的"三理念+三平台+三举措"的新型职业农民培育体系。即：继承发扬新型职业农民培养创新实践、扎根基层、学以致用"三理念"；建立健全新型职业农民培养研发平台、实训平台、智库平台"三平台"；抓好抓实新型职业农民培养人才培养、科技服务、智力帮扶"三举措"。学校着力在精准培养新型职业农民上下功夫，不断创新实践培养模式，使之更有特色、更上档次、更有成效，在服务江西乡村振兴战略和新型职业农民培育中写下了浓重的一笔。特别是通过实施"一村一名大学生"工程，探索形成了一条具有农大特色的、符合新时代农业农村发展需求的新型职业农民培养新模式，助力乡村人才振兴，被誉为新型职业农民培养的"江西样板"。

2011年江西省开始实施"一村一名大学生工程"，培养农村致富带头人和新型职业农民。江西农业大学成为全省2家培养单位之一。"一村一名大学生"采用"学历+技能"的培养方式，延续了"共大"时期和多年继续教育形成的好的经验做法，通过村委、乡镇、县区三级推荐报名，参加全国成人高考获得录取资格，通过学校组织的集中学习实践完成学业。从2012年开始招生至今，共招收培养17506名学员，其中专科学员11494名，本科学员6012名。学员中55%为村两委干部，其中村支书、主任共计2976人，其他两委班子成员6664人，有基层党员9460人。基本实现了全省1.6万个行政村村村都有一名农民大学生，他们遍布赣鄱大地的每一个角落，发挥着农村基层党组织的"顶梁柱"、脱贫致富的"新希望"、现代农业的"传播者"的重要作用。

"一村一名大学生工程"继承发扬了"共大"时期"半工半读"的办学精神，坚持教育与生产劳动紧密结合、课堂教育与田间地头连接在一起、科技扶贫与智力帮扶相结合，彰显了"农大姓农"的办学本色。在"一村一名大学生"培养过程中，学校坚持把"三农"问题作为主攻课题，帮助学员解决好"学得好"的问题；把基层农村作为主攻战场，帮助学员解决好"留得住"的

问题；把现代农业作为主攻方向，帮助学员解决好"用得上"的问题；把新型农民作为主攻职业，帮助学员解决好"带得动"的问题。实施8年来，基于"政府出钱、大学出力、农民受益"的教育理念，以及坚持"不离乡土、不误农时、工学结合""因需施教、分段集中、统一培养"的培养思路，在人才培养模式、教学内容体系、体制机制等方面进行了大量有益的创新实践，形成了"四四五二"的乡村人才培养模式。即：围绕"学得好、用得上、留得住、带得动"的"四得"人才培养目标，坚持按需施教"加、减、乘、除"四项法则的人才培养模式，实施"精设专业、精开课程、精编教材、精建基地、精心服务"的"五精"举措，做好从在校期间教育向毕业后服务无限延伸、从课堂教育向创业一线延伸"两个延伸"，培养学员宽博知识、宽精技能、宽厚素质"三宽素能"，为广大农村培养"不走的大学生"，造就一支懂农业、爱农村、爱农民的"三农"工作队伍。学员毕业后大都成为了农业农村发展致富的中坚力量，其中涌现出创业人员7410多人，致富带头人6520多人。2015年12月31日，由江西农业大学倡导的全省第一个"农民大学生创业联盟"在广丰区成立，该联盟现有167名会员，均为江西农业大学"一村一大"学员。会员们创办的农民合作社、家庭农场、农村电商、加工企业等52家，成为带动一方乡村振兴的重要力量。

为了进一步推动"一村一名大学生工程"发展升级，2018年10月学校下发了"江西农业大学'一村一名大学生工程'专业硕士研究生培养专项实施意见"，实现"专、本、硕"多层次、连贯式培养模式，着力培养水平更高、针对更强、扎根农村的高层次新型乡土实用人才，适应乡村振兴战略对高层次人才的需求。同时，学校大力实施科技特派团（员）工程，助力乡村科技振兴，形成了具有江西特色的"6161科技服务"模式（即："一个服务团，服务一个产业，建好一个示范基地，培育一批乡土人才，协同解决一个关键技术，带动一方群众脱贫致富"；"一个专家，蹲点一个村，对接一个企业，推广一批实用技术，上好一堂培训课，带领一些贫困户脱贫"），大力实施特色产业精准扶贫示范工程，助力乡村产业振兴，为根本解决科技推广服务"最后一公里"问题助力。学校结合现代农业产业体系建设，大力推动"科技服务与精准扶贫、产业振兴相结合"的农业科技推广模式，组织各类特色产业专家服务科技特派团在首席专家带领下，实施产业技术服务和科技精准扶贫工作，助推农林特色支柱产业发展。奋力新时代，学校不断探索和深化乡村人才培养和服务"三农"新模式，为乡村振兴注入了强劲动力。

四、经验与启示：以"三立足"为根本，坚持"一懂两爱三宽四得"育人才

学必期于用，用必适于地。实施乡村振兴，必须要有大批懂农业、爱农村、爱农民（简称"一懂两爱"）的"三农"工作队伍，必须要有"宽博知识、宽精技能、宽厚素质"，"下得去、用得上、干得好、留得住"（简称"三宽四得"）的创新创业人才。江西农业大学作为地方农业类高校，始终把服务"三农"作为自己的政治任务和重要使命，在农村人才培养上主动靠前站位，积极作为，精准育人。学校继承发扬"创新实践、学以致用、扎根基层"的办学理念和宝贵经验，致力培养具有"一懂两爱三宽四得"特质的"一专多能"型高素质乡村实用人才，形成了具有农大特色的农林人才与新型职业农民培育体系。总结新中国成立70周年以来的实践经验：一是坚持因地制宜，创新实践。面向地区、面向农业、面向基层，以地方农业生产实际为出发点和落脚点，着重解决农业生产中的关键问题，努力满足农业生产的发展需求，让学生掌握最基本的知识和最关键的技术，走一条"优质长效"的实践教育之路。二是坚持因需施教，学以致用。面向农业农村、社会基层需求，结合学生条件背景和成长实际，依托各类平台为学生"量身定制"实践活动，实行教学、生产、科研相结合，培养满足"三农"需求的实用人才。三是坚持立德树人，扎根基层。以从农村来到农村去为指导方针，"饮水思源，不忘根本"，坚持理想信念教育、专业思想教育、身心素质塑造融于一体，坚定学生兴农、爱农、为农思想，鼓励扎根基层，增强社会责任意识和担当能力。

共和国已经走过了70周年的辉煌历程，中国高等教育进入了教育优先发展、树立教育自信的新的历史时期。在实现乡村振兴战略、两个百年奋斗目标的伟大征程中，江西农业大学将继续坚定农业高校的基本办学思想和工作方针，不忘初心、砥砺奋进。总结经验、展望未来，学校将始终坚持以"三立

足"为根本，为乡村培育具有"一懂两爱三宽四得"素质、更多更好的农业专业人才：一是立足农业高校办学定位，坚持"农大姓农""农大务农"，以培养"三农"人才为自身光荣职责和使命；二是立足国情农情校情，结合国家战略、社会需求和自身实际，不断创新服务"三农"人才培养模式；三是立足农业农村发展前沿，坚持顶天立地，把论文写在大地上，走农业教育可持续发展道路，服务农村人才振兴、科技振兴、产业振兴。

第四章 基于"三三三"模式的实践教育体系创新与实践

——江西农业大学办学特色与经验总结

　　办学特色是学校在长期办学实践中积淀形成的独特的、相对稳定的特征和风格，是教育思想、教育管理、教学内容、教学方法、教学成果以及校风、教风、学风等多方面的综合体现。经过百余年的实践与探索，学校结合农科院校专业的实际，注重实践、学以致用、扎根基层，形成了"三三三"模式的实践教育特色，即：突出生产教学实践、科技服务实践、社会调研实践"三实践"，依托教学实践基地、科技服务项目、学生社团活动"三平台"，强化第一课堂与第二课堂、校内实践与校外实践、教育培养与服务社会"三结合"，大力推进实践育人，努力增强学生的社会适应性，提高人才培养的达成度和满意度。

一、发展沿革及基本内涵

　　（一）发展沿革

　　江西农业大学历经江西实业学堂、江西高等农业学堂、江西省立农业专科学校、国立中正大学、国立南昌大学农学院、江西农学院、江西共产主义劳动大学等不同时期和发展阶段。

　　学校最早溯源于1905年创办的江西实业学堂，当年中国废除科举制度，学校以兴新学、救国家为己任，致力于培养实业报国的专门人才。本科教育肇始于1940年创办的国立中正大学，首任校长、著名的植物学家胡先骕教授积极倡导"教""育"并重的育人理念，强调要培养有国学素养和实践能力的专门人才。1952年，江西农学院成立，学校继承和发扬"教""育"并重思想，强调"优""效"教学，"量""质"协进，追求人才培养优质长效、终身发展。1958年，中共江西省委根据党中央关于"半工半读"的教育思想创办了江西共产主义劳动大学，学生半工半读、注重实践、免费入学，很快形成了"注重教学实践、科研实践、生产实践，以科研实践见长，重在培养学生研究能力为主"的办学特色。从"实业学堂"到"共大"办学，最主要的经验是"注重实践""学以致用""扎根基层"。特别是"共大"时期，在"半工半读、勤工俭学"办学方针的指导下，学校不断完善教学、生产、科研三结合的人才培养特色，得到了党中央、国务院的充分肯定，也得到国际教育界的广泛赞誉。

1980年学校更名为江西农业大学，坚持继承发扬"创新实践、学以致用、扎根基层"实践育人的宝贵经验，不断推进大学生实践教学的创新实践。围绕"加强基础，拓宽口径，注重实践，提高能力"的要求，进一步强化实践教学环节，及时调整教学计划、完善人才培养方案。1991年本科生实践教学改革成果被评为江西省教学成果一等奖。

进入新世纪以来，学校进一步按照"厚基础、宽口径、高素质、强能力"的要求，全面总结"理论与实际结合、学习与研究结合、学校教育与社会教育结合"的实践教育经验，在省校两级20多项相关课题支撑下，结合专业的学习特点和职业特色，探索形成了实践教育"三三三"模式。即：结合生产教学实践、科技服务实践、社会调研实践"三实践"，依靠教学实践基地、科技服务项目、学生社团活动"三平台"，强化第一课堂与第二课堂、校内实践与校外实践、教育培养与服务社会"三结合"，推进实践育人。

（二）基本内涵

学校继承发扬"创新实践、学以致用、扎根基层"的办学理念和宝贵经验，认真组织实施"三三三"实践教育，不断推进实践育人工作。一是坚持因地制宜，创新实践。面向地区、面向农业、面向基层，以地方农业生产实际为出发点和落脚点，着重解决农业生产中的关键问题，努力满足农业生产的发展需求，让学生掌握最基本的知识和最关键的技术，走一条"优质长效"的实践教育之路。二是坚持立德树人,扎根基层。以从农村来到农村去为指导方针,"饮水思源,不忘根本",坚持理想信念教育、专业思想教育、身心素质塑造融于一体,坚定学生兴农、爱农、为农思想,鼓励扎根基层,增强社会责任意识和担当能力。三是坚持因需施教,学以致用。面向农业农村、社会基层需求,结合学生成长实际,依托各类平台为学生"量身定制"实践活动,实行教学、生产、科研相结合,培养满足"三农"需求的实用人才。

经过多年的创新实践,已经建立了校内外实践教学基地413处,成立了江西农业大学绿源协会、花卉协会、旅游协会、生物技术协会、昆虫协会等20多个专业型学生社团,探索开展了大学生实习校内外"双导师"制、大学生党员设岗定责、大学生"双创"指导中心、大学生助研与科研立项等工作,组织实施了大学生科技下乡、学术科技作品竞赛、创新创业设计大赛等活动,先后获得江西省教学成果一等奖、二等奖等校级以上相关奖励30多项。同时,认真实施"一村一名大学生工程"、科技精准扶贫、科技下乡等特色工作,着力培养"懂农业、爱农村、爱农民""下得去、用得上、留得住、干得好"的乡土实用人才,服务"三农"发展和乡村振兴战略。实践教学"三三三"模式以服务大学生成长成才为中心,创新了实践教学理念和人才培养模式,丰富了实践教育方式方法,形成了专业办学特色和优势,在培养高素质、复合型专业人才中发挥了积极的作用。

二、主要内容及运作模式

(一)主要内容

"三三三"实践教育模式以培养具有实践技能、创新精神、创业能力的复合型人才为目标,以"三实践"为路径、以"三平台"为依托、以"三结合"为方法,以实践教育管理服务体系为保障,以实践技能、创新能力提升为评价标准,同时融入"一村一名大学生工程""大学生村官计划""科技下乡""科技精准扶贫""科技特派团(员)"等学校特色工作,共同构建成一个体系完整、运转高效的实践育人体系。构建思路框架与主要内容如下:

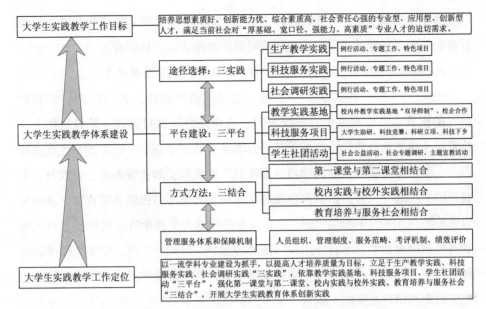

图4-1　基于"三三三"模式实践教育体系创新实践构建思路与基本框架

1.将实践教育纳入教学管理，为实践教育提供了制度保证

实践教育是教学的重要组成部分。学校始终坚持"以学生发展为中心"的实践教育理念，把实践教学放在重要位置，把教学实践、科研实践和社会实践内容纳入《江西农业大学本科人才培养方案》，作为育人刚性要求予以实施，为新时期高等教育培养具有创新精神和实践能力的高素质应用型创新人才创设了有效途径，为全员、全程、全方位、全要素实践育人提供了制度保证。制定了《江西农业大学学生社团管理规则》，给学生社团配备了指导老师，精心打造校园科技文化活动，天天有社团活动、周周有学术讲座、月月有高雅文化进校园。让大学生在活动中受到了教育，得到了锻炼，提高了素质。

2.重点打造实践教育"三平台"，为实践教育提供了条件保障

学校积极整合校内外实践教学资源，重点围绕教学实践基地、科研服务项目、学生社团活动，构筑了多元化的实践育人平台。依靠教务处、资产与实验室管理处加强了对校内外实践教学基地建设，构建了开放式教学型实验室体系；建立了江西农业大学农业科技园，负责学校教学实践基地的管理运行，集"教学、科研、示范与推广"多功能为一体，已经建成为省级农业高新科技园；实施了校内外"双师型"制，共同拟定学生实习计划，联合指导学生毕业

论文和实习实践，协同开展科学研究、成果推广和技术培训，学以致用、服务社会，推动了校企、校所、校地协同科研、协同育人、协同发展。

3.积极开展农业科教特色项目，为实践教育提供了全新视角

做好"一村一名大学生"工程，通过"政府出钱，大学出力，农民受益"的模式，"不离乡土、不误农时、工学结合、因材施教、学以致用"，培养"不走的大学生"。以此为依托，在全省成立了16个"农民大学生创业联盟"，带动全日制本科生同学习、同实践、同成长，培养懂农业、爱农村、爱农民的"三农"人才。认真组织实施了"科技特派团富民强县工程"，2014年以来先后派出97个科技特派团、323名专业技术人员在全省开展科技服务，与20多个政府企业签订了合作协议，地方为主导、教师为主体、学生为助手，通过科技服务促进实践教学，丰富和发展了学校实践教学的形式与内容，让学生在实践中感悟、在实践中成长。

（二）运作模式

在多年的教育实践中，学校形成了以项目为载体，以服务为纽带，"三实践"相互贯通、产学研相互结合的开放性、综合性的实践教育运行体系，走出了一条培养创新型、复合型人才的实践教育之路。

1.构建了"三实践"融合、产学研结合的实践育人机制

学校把教学实践、科研实践和社会实践的内容与实践基地的生产和技术开发任务结合起来，与教师的科研课题结合起来，与社会发展的需求结合起来，与学校科技兴农特色工作结合起来，让学生参与助研工作、参与实践基地生产和技术开发、为社会提供技术咨询和生产服务等实践工作。同时，加强校外基地建设和实施"双导师"制，加强了学校与社会（基地）之间的联系，实现人才、知识、技术、平台等方面优势互补，形成了"以项目为载体，以服务为纽带"，互惠互利、协同育人的实践教育新机制。

2.构建了开放式、实战性、综合型的实践育人模式

实践教学是课堂教学的重要延伸，第二课堂是大学生实践教育的重要舞台。学校积极推动实践教育从校内走向校外、从实验室走向生产车间，面向经济社会、行业产业的发展需求，结合生产实践和科研项目确立实践教学内

容，大大拓展了实践教育内容的广度和深度，实现了由单一专业知识实践向综合知识实践的转变，由传统的验证性实践向探究性实践的转变。把"科技下乡""科技精准扶贫"等科技服务活动，转化为鲜活的实践教学内容，引导学生破解生产实际问题和技术难题，激发了大学生的创新激情，提高了学生的综合素质。

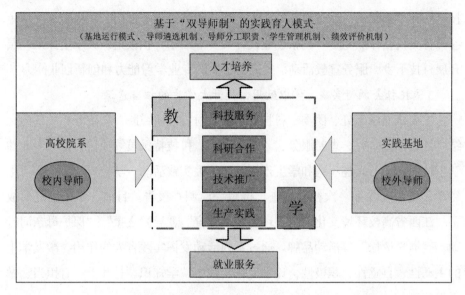

图4-2　江西农业大学"双导师制"实践育人模式运行框架

三、实施情况及主要成效

（一）实施情况

1.依托生产教学实践，知行合一，提升大学生的动手能力

主要依靠学院及各专业教研室，通过专业教师与用人单位、科研合作单位、科技服务单位的联系，以校地合作、校所合作、校企合作等模式建立校内外各类专业教学实习基地。学校要求，每个专业要建立相对固定的校外实践教学基地，结合实验、实习、实训和毕业设计（论文）等教学环节开展工作，满足学生参加生产教学实践的需要。在生产教学实践过程中，积极与相关单位协商施行实践教学"双导师制"，由校内外教师共同负责指导学生参与实践，实现理论学习与生产实践的无缝对接，培养学生专业技能和处理实际问题的能力。

2.依托科技服务实践，学思结合，提升大学生的创新思维

主要依靠承担校级以上科研课题和横向课题的教师，通过开展大学生助研活动，将学生按照专业学习和兴趣等进行统一调配，让学生参与到教师的科研项目中，提高大学生"思考问题—分析问题—解决问题"的能力和素质。学校设立大学生创新创业专项基金，鼓励大学生开展科研创新活动，开展大学生科技论坛和学术交流。通过教务处、学工处、团委等相关部门，积极组织大学生参与各类科技作品竞赛、创新创业设计大赛等活动，积极组织大学生深入基层开展科技下乡、服务宣教活动，提高大学生的专业学习能力和创新创业能力。

3.依托社会调研实践，学以致用，提升大学生的担当意识

主要依靠学工处、团委、科技处、新农村发展研究院、学院等相关部门，结合社会调查研究、志愿服务、"三下乡"、科技特派员等项目，指导专业性学生社团、学习兴趣小组和学生班级开展相关实践活动。学校要求每个本科生每学年至少要参加一次社会调查、撰写一篇调查报告。目前，学校已经形成了"江西省高校环境文化节""环境警示教育""导游之星""保护母亲河行动""惟义论坛"等活动品牌。通过系列活动发挥实践育人的作用，激发学生的主动性、自觉性、积极性，让学生在实践中"学知识、长才干、有担当、做贡献"。

（二）主要成效

1.完善了大学生实践教学体系

通过"三三三"模式，加强了"产—学—研"的联系，突出"学以致用、服务社会"，打破了高校教育壁垒，打破传统实践教学模式，高校与社会、教学与生产、培养与服务等有了更多的渠道和平台融合在一起，对培养应用型、创新型、高素质人才起到了积极作用。

2.推动了实践教学师资队伍建设

通过"三三三"模式，特别是大学生实践教育"双导师制"的施行，吸收生产一线的科技人员担当实践教学的指导老师，不仅扩充了师资力量，同时为我校师生了解社会生产的现状、发展趋势与专业人才需求，提供了互动平台，有利于教师自身的成长和素质的提高。

3.提高了大学生素质能力全面提升

通过"三三三"模式，大学生有机会接触具体的社会生产，有机会学习科研工作开展的方法与步骤，有机会了解农业科技的现实需求情况，有利于将大学生培养成热爱专业所学、综合素质全面、敢于担当责任的应用型、创新型、特色型的专业人才。

4.提升了大学生科技活动的技术含金量

通过"三三三"模式，特别是搭建了科技服务平台，让大学生申报课题研究项目，参与科技竞赛和科技服务活动，可以更好地接受科研实践的锻炼，加强了对专业知识的应用能力和水平，提高了科技服务实力和水平。

5.带动了大学生就业率和就业质量

通过"三三三"模式，大学生有机会进入到生产一线，能够更好地了解专业知识的应用情况，更早地接触用人单位，可以满足用人单位独特的人才需求，有利于实施人才"订单培养"，使大学生能更好地、更及时地、更充分地实现就业。

6.实现了教育培养和服务社会的结合

通过"三三三"模式，多角度、多视野、多途径与社会实际联系在一起，特别是通过科技下乡、科普宣教、社会调研、科技扶贫、科技特派员等服务活动，让大学生学以致用，解决社会生产中的实际问题，承担社会责任，在实践中学知识、长才干、做贡献。

四、发展思路及强化对策

（一）发展思路

通过"三三三"模式将大学生实践教学拓展成全员、全程、全方位、全要素的教育培养体系，提高了实践育人的效果，实现了学生、学校、用人单位和社会的"共赢"，对人才培养的效果达成度、目标适应度、用户满意度都具有良好的促进作用。为进一步深入实施"三三三"模式，学校将紧跟新时代的要求，围绕"四度四化"创新实践，不断提升实践育人特色。

一是针对"参与度"进一步优化。从"三三三"培养体系看，从校内到校外，从课堂到课外，从管理到服务，从学习到应用，都有所涉及，相对传统教学来说更加全面。然而，受教学安排及管理体制、实践教学基地的条件和活动组织、大学生自身条件等因素的限制，大学生参与程度和深度都受到影响。如何使大学生实践教育的"面"不仅在体系构建上全面，更要考虑对大学生的覆盖度，让专业、年级、兴趣等各不相同的大学生，普遍接受全方面的实践教育，以提高实践教学的效果，需要进一步的探索。

二是针对"纵深度"进一步细化。如果说实践教学中大学生"参与度"是面子，那么参与"纵深度"就是里子，对大学生专业发展更为重要。大学生参与实践教学是随机的、肤浅的、形式上的、走马观花的实践，还是系统性、高标准、高要求、高技术水平的实践，是否具有严格的时间保障、组织保障、制度保障、平台保障等，对大学生的专业技能训练、综合素质培养、职业道德形成尤为重要，是推动大学生实践教育更深发展的关键。

三是针对"有效度"进一步强化。实践教学"三三三"模式的创新实践，归根到底是希望能够提高大学生实践教育的实效，真正实现学生、学校、用人单位和社会的"共赢"。这种实施绩效由谁来评价、如何评价、依靠什么评、结果如何用，直接关系到大学生实践教育的可行性、持续性和有效性。如果实践教学的有效性不能科学地、客观地评判，将难以形成好的经验、导向，直接影响到实践教育的深入实施。

四是针对"信誉度"进一步深化。大学生参与实践教学整个过程是否可信、实践效果是否达到标准、考核结果是否得到学校和社会的认可，将决定大学生的参与激情和实践育人的最终效果。目前，国家对于实践教育没有细化的教学标准和质量要求，2017年6月教育部高教司下发了《关于开展高校实践教学标准相关课题研究的通知》，正是基于推动这项工作，相信将对提高实践教学的可信度、充分发挥实践育人的功能产生重要的促进作用。

（二）强化对策

实践教育是一个系统工程，如何结合大学生实践教育"三三三"模式，努力培养大学生的创新实践能力、社会服务能力，提升专业素质和职业道德，不断提升实践教学的绩效，是学校一项长期的工作任务。今后，学校将在制度建设、体系建设、标准建设、协同创新等方面进一步强化，将"三三三"实践教育模式打造成实践育人的"农大品牌"。

一是加强制度建设，提高保障力度。学校将在国家宏观管理的基础上进一步细化实践教学工作制度，明确学院、师生、校内外基地的工作职责和义务，优化实践教学内容体系，加强实验室、实习基地的条件建设，加强"双师型"师资队伍建设，完善实践教学质量监控体系，强化实践教学的制度落实与过程管理，最终为实践教学改革提供强有力的制度保障。

二是加强体系建设，注重顶层设计。结合专业培养类型和特色，围绕实践育人中心工作，综合基本素质训练、专业基础训练、专业能力训练、综合素质训练等功能模块，着力构建针对性、系统性、全程性的实践教学体系。与创新创业教育的衔接，以学生专业技能和就业创业能力培养为目标，探索出一套符合专业特点和学生实际的实践方案。

三是加强标准建设，严格考核把关。完善专业人才培养目标和实践教学大纲，细化具体的教学要求和考核标准，逐步构建由第三方参与的考核机制，融实践教学学分、实践培训结业证书、职业资格证书于一体，提高实践教学的"可信度"和"实用性"。鼓励各教学单位创新实践，探索融"一分两书"的考核模式，为学生就业创业打下扎实的基础。

四是加强创新协调，做好协同育人。"三三三"实践教育模式涉及各教学单位、团学部门、研究中心、实验室、校内外基地、学生社团等，以及校内外各种教育资源，推动校内部门之间，校地、校企、校所深度合作，共建实践教学基地、共推产学研一体化，实现校内与校外实践教学有机结合、优势互补，不断提高实践育人的能力与水平。

第三部分　服务乡村人才振兴探索实践

第五章　有特色高水平农业高校一流学科专业建设

建设世界一流大学是中国人百年来的一个梦想。从1915年的胡适之"叹"到2005年的钱学森之"问",从1995年"211工程"到1998年的"985工程",都涉及到中国教育事业发展这一艰深命题,都突出了高校人才培养、学科建设等科教兴国重大战略。为破解我国高等教育的发展瓶颈,2015年8月,国务院通过《统筹推进世界一流大学和一流学科建设总体方案》(国发〔2015〕64号);2017年1月,教育部、财政部、国家发展改革委印发了《统筹推进世界一流大学和一流学科建设实施办法(暂行)》(教研〔2017〕2号)。"双一流"建设成为了继"211工程"和"985工程"之后,又一个以国字头命名的高等教育发展战略。如果说"211""985"高校建设是在大学精英化教育阶段推动我国高等教育发展的重要抓手,那么"双一流"建设将成为高等教育大众化、现代化阶段发展的新的引擎。什么叫中国特色的世界一流大学?2016年5月全国科技创新大会上,习近平总书记针对科技创新提出了三个面向:面向世界科技前沿,面向国民经济主战场,面向国家重大需求。这不仅为我国科技创新指明了主攻方向,也为建设世界一流大学树立了战略思想。一流大学建设高校应具有先进办学理念,办学实力强,社会认可度较高,拥有一定数量国内领先、国际前列的高水平学科,在改革创新和现代大学制度建设中成效显著;一流学科建设高校应具有居于国内前列或国际前沿的高水平学科,对服务国家战略需求、经济社会发展具有重大作用。"双一流"建设满足了各类高校发展的要求、适应了社会对各种人才的需求,是教育现代化的核心内容和时代特征。

2017年6月以来，江西省先后印发了《江西省有特色高水平大学和一流学科专业建设实施方案》（赣府字〔2017〕29号）《江西省有特色高水平大学和一流学科专业建设实施办法（暂行）》（赣教研字〔2017〕8号），明确按照一流高校、一流学科、一流专业分阶段、分层次全面推动江西省"双一流"建设。

"十三五"期间，我国高等教育将逐步由大众化阶段向普及化阶段迈进，针对高等教育改革发展中面临的新的问题与挑战，各高校都在抓住机遇、因势利导，不断加强软硬件建设，尝试走出一条有特色、高水平的内涵式发展的道路。针对"双一流"建设，一流学科是一流大学的基础支撑和龙头工作，一流本科建设是一流大学的重要基石和根本特征。江西农业大学作为地方农业高校，要迈入"双一流"发展行列、建设有特色高水平大学，就必须要推进学科专业建设"入主流、创特色、上水平"，以学科建设为抓手、以人才质量为关键，引领和加速学科专业高质量发展，支撑起地方有特色高水平大学建设。

一、新阶段学科专业建设的现状与特色

江西农业大学是一所以农为优势、以生物技术为特色、多学科协调发展的多科性大学，是我国首批学士、硕士学位授予权单位，具有博士学位授予权；是国家农业部与省政府共建高校，国家林业局与省政府共建高校；1978年经国务院批准的全国重点大学；2012年国家"中西部高校基础能力建设工程"入选高校。学校1905年建校，历经江西实业学堂、国立中正大学、江西农学院、江西共产主义劳动大学、江西农业大学等不同办学阶段，1940年开始本科教育、1962年开始硕士研究生教育、2003年获博士学位授予权。建校以来，学校始终坚持以"农"为办学之本，秉承"团结、勤奋、求实、创新"的校风校训，继承农大先贤"求知力行期有为，修己安人奠国基"的勇于担当的农大气魄，发扬"厚德博学，抱朴守真"的农大精神，以学科为基础、质量为根本，改革创新，锐意进取，着力高端农业人才培养和农业科技创新，累计培养了30余万名各类专业人才，其中各类研究生6000多人，为江西农业现代化和高等教育事业作出了非常突出的贡献。

（一）学科建设稳步推进，农林牧特色鲜明

江西农业大学现有一级学科博士点3个，二级学科博士点17个，一级学科硕士点19个，二级学科硕士点78个，专业学位授权种类9种，授权学科涉及农学、理学、工学、经济学、管理学、法学、教育学7大学科门类；有国家林业局重点学科1个，江西省高校高水平学科3个，省级重点学科7个，省级示范性硕士点3个；学校现有博士生导师60人，硕士生导师509人，在校全日制博士研究生169人，全日制硕士研究生1589人，非全日制硕士研究生807人，外国来华留学博士研究生7人。涌现了一批以中国科学院院士、国家杰出青年基金获得者、长江学者特聘教授、国家优秀青年科学基金获得者为代表的高层次拔尖人才，为经济社会发展，特别是为解决江西"三农"问题提供了有力的人才支撑和科技支撑。根据2017年上海软科发布的"中国最好学科排名"，学校有1个学科排名全国第9，进入全国前25%的行列；另有5个学科进入全国前50%的行列。总体上，在传统学科方面有一定的优势，特别是畜牧学、作物学和林学3个学科得到了较好的发展。

畜牧学学科：是江西省高校高水平学科，中国畜牧兽医学会第十四届理事长单位，现有中科院院士1人，国务院学科评议组成员1人，国家杰出青年基金获得者2人，百千万人才工程国家人选4人，国家"万人计划"领军人才1人，国家有突出贡献中青年专家3人，全国优秀教师1人，国家现代农业产业体系岗位科学家4人，建有全国生猪领域唯一的省部共建猪遗传改良与养殖技术国家重点实验室，牵头组建了江西省首个2011协同创新中心，获得了以国家技术发明二等奖、国家科技进步二等奖等为代表的一批重要科研成果，建立了完善的"本科—硕士—博士—博士后"高素质人才培养体系，获得了全国优秀博士学位论文提名奖、江西省优秀博士/硕士学位论文奖、江西省教学成果一等奖在内的一批教学成果。

作物学学科：是江西省高校高水平学科，现有百千万人才工程国家级人选1人，国家"万人计划"领军人才1人，南方稻区首席专家1人，全国农业硕士教育指导委员会委员1人，建有水稻国家工程实验室1个，作物生理生态与遗传育种教育部重点实验室1个，江西省2011协同创新中心1个，获得国家科技进步特等奖1项，国家科技进步二等奖2项等为代表的一批重要科研成果，建立了完善的"本科—硕士—博士—博士后"高素质人才培养体系，获得了江西省优秀博士/硕士学位论文奖、江西省教学成果一等奖在内的一批教学成果。

林学学科：是国家林业局重点学科和江西省高校高水平学科，现有国务院学科评议组成员1人，国家"万人计划"领军人才1人，全国教学名师2人，建有江西省竹子种质资源与利用、江西省森林培育等一批重点实验室和研究中心，江西省2011协同创新中心1个，获得江西省科学进步二等奖、梁希林业科学技术奖等为代表的一批重要科研成果，建立了完善的"本科—硕士—博士"高素质人才培养体系，获得了江西省优秀硕士学位论文奖、江西省教学成果一等奖在内的一批教学成果，在亚热带竹林高效培育、经济林养分管理、南方困难立地造林及植被恢复等方面形成了鲜明的区域特色。

（二）专业建设不断扩大，多科性协调发展

江西农业大学最初只有3个系10多个专业，发展到现在已经16个学院，包括农学、理学、工学、经济学、管理学、文学、法学、教育学、艺术学、哲学等9大学科门类、68个本科专业，其中有国家级特色专业5个、国家级本科专业综合改革试点1个、省级特色专业9个、省级本科专业综合改革试点6个、教育部卓越农林人才教育培养计划6个、省级卓越工程师教育培养计划3个、省级卓越农林人才教育培养计划4个，累计各类特色品牌专业17门34门次，占全部本科专业的1/4。专业设置紧贴经济建设和社会发展的需要，符合产业结构调整与升级的方向，为学校有特色高水平区域一流农业大学建设提供了现实的土壤。

一是完善专业培养方案。学校主动适应社会发展需求，积极开展人才培养方案的修订工作，建立健全了一整套人才培养方案的制定、审批、公布、实施的工作流程及运行保障机制。2010年、2014年先后完成了2次本科专业人才培养方案修订工作，并在2017年再次启动。人才培养方案修订工作坚持知识、能力、素质协调发展和综合提高，兼容时代性、先进性和科学性，强调人文教育与科学教育相融合，理论学习与实践训练相结合，控制课内总学时，增加选修课的比重，大力推行素质拓展教育，提高学生的综合能力。

二是强化复合人才培养。为了拓宽专业口径，促进各学科间的相互渗透，为社会培养跨学科的复合型人才。一方面，强化了实践教学育人体系，不断提高学生的专业素质能力；另一方面，开办了双学位教育，拓宽学生的知识结构和综合技能。双学位教育自2009年开始，为学有余力的学生拓宽了学习渠道，增强了学生在人才市场的竞争力。2015~2016学年，我校共开设英语、金融学、工商管理、法学、会计学、经济学、国际贸易、市场营销和财务管理9个双学士学位专业42个班，共有1684名学生参与了双学位学习。

三是重视专业结构调整。学校2003年通过了教育部本科教学水平评估，2015年、2016年部分专业参加了江西省本科专业综合评价，2017年12月迎来了教育部本科教学工作审核评估。学校始终以各类评估结果为依据，以专业管理规范文件为指导，综合学科发展和专业建设，克服部分专业平均用力、多而不强的现状，要求各学院对专业建设情况进行适时调整。学校要求对新办专业要加强认证，确保新办专业有足够的办学优势和发展潜力。对于已有专业，结合专业评估情况和学院的发展目标，对后劲不足、特色不明的专业采取停招、停办等措施，以便集中资源，专心建设优势和特色专业。2016年停办了3个专业、申请停招了2个专业，2017年停招了7个专业。

二、新阶段学科专业建设的问题与不足

综观学校百十年办学历程，我校不断凝练学科专业特色，强化人才引进和培养工作，重点打造学科平台和专业团队，取得了一定的成绩，形成了一定的特色和优势。但与国内外同行相比，无论从整体实力上还是发展速度上，还存在很大的差距。梳理目前面临的问题和存在的差距，有地方农业高校发展面临的共性问题，也有学校自身的局限和个性问题。主要表现在：办学理念有所局限；学校内涵建设不足；办学资金相对紧张；治校能力亟待提升；工作合力尚需加强；等等。总之，我校建设有特色高水平大学的任务还十分艰巨，需要长期的、艰苦的努力。聚焦学科、专业建设方面存在的突出问题，主要表现在：

（一）学科建设整体水平不高，特色凝练不够

参考艾瑞深中国校友会网历年公布的《中国大学评价研究报告》，近5年

我校全国排名在163~235之间，2017年在全国农林类大学中排名24，属于区域高水平大学，但近年来排名有所下滑。在学科建设方面，根据2017年上海软科发布的"中国最好学科排名"，只有1个学科进入全国前25%的行列，另有5个学科进入全国前50%的行列，缺乏国内公认的一流学科，与国家"一流高校一流学科"差距明显。

一是学科规划布局亟待优化。国家一般按照一级学科进行建设指导，而我校学科建设相对比较松散，部分一级学科下的二级学科分散在各个学院，资源、人力、平台难以实现有效整合，不利于学科建设。为改善这种状况，结合教育部门的学科评估，2017年我校对一级学科进行了整合，明确1个学院重点建设1个一级学科，这对学科布局有一定改善，但很多老师在学科上没有归属感和获得感，整合效果有待提高。同时，我校学科涉及10大门类19个一级学科，学科布局不尽合理、建设力度难以平衡，尽管学校提出了"科技农业"和"人文农业"双轮驱动，但学科之间的差距极大，学科特色不够突出。

二是学科人才队伍亟待强化。"十二五"以来，学校先后出台了《江西农业大学引进高层次人才暂行办法》《江西农业大学人才引进实施细则》《江西农业大学青年拔尖人才校聘教授、副教授管理暂行办法》等系列文件，加大高层次人才引进力度，加强本校教师的自主培养，推动青年教师脱颖而出，学科队伍总体上有所改善。但作为地方农业高校，条件平台都比较薄弱，高尖端人才引进比较困难，依然存在学科队伍总量不足、领军人才匮乏的问题。学校除了少数传统优势学科，多数学科人才队伍问题突出制约了学科发展。即使传统优势学科，与有些兄弟院校相比，人才队伍也显得相当薄弱。

三是学科管理运行亟待深化。学校和各学院针对学科建设部分存在顶层设计、统筹规划前瞻性不够，学科平台建设运行缺乏有效的督导，学科发展平衡协调状况令人担忧，科学化、标准化、规范化的管理机制和运行机制有待完善，以学科为龙头工作的管理服务体系没有完全落实到位，与培养高素质现代化创新人才以及建设有特色高水平大学的需求相比有一定差距。由此衍生出系列问题：学科发展差距显著，多学科融合机制不畅，青年人才断层显现，大团队攻关意识不强，学科在人才培养、科学研究、人才团队建设等方面的功能不能充分发挥，等等。学科建设管理运行，尤其在推动学科平台基地建设以及高效开放运行方面，学校统筹协调工作有待进一步加强，管理体制和运行机制上有待进一步开放。

（二）专业建设特色优势不足，调整机制不力

江西农业大学现有教职工总数1629人，其中专任教师977人，教辅人员115人；现有全日制本科在校生19077人，研究生在校生1315人。学校设有9大学科门类、68个本科专业，其中农学类专业15个、工学类专业23个、管理学类专业11个，其他学科专业都在5个以下。学校生师比约为19.25:1。从学院生师比看，全校16个学院中有多个学院的生师比在22:1以上；从专业生师比看，有较多的专业超过22:1的黄线。相比而言农林牧等学院及其传统优势专业保持在较好的水平。总体上，学校建设"一流本科专业"面临着专业建设面比较宽、师资力量与专业建设匹配不协调等突出问题。

一是专业建设定位亟待明确。"双一流"建设背景下，对地方院校"一流专业"建设处于非常重要的地位。限于师资力量、教学经费、条件平台等因素的制约，不可能做到全校68个专业平衡发展，因此对专业建设定位非常关键。尽管学校规划并初步建立了不同的学科专业群，但是仍然存在传统专业需要改造、新兴专业的目标定位不准的问题，不能满足高等教育和行业发展需要。同时，专业调整或整改机制运行乏力，专业建设预警机制尚不健全，招生情况、学生发展情况、师资情况、专业综合评价结果等信息没有很好地收集分析，并及时合理地运用到专业整理中，专业动态调整执行情况不理想，整改工作缺乏有效的监督。

二是专业师资队伍亟待完善。实施"人才强校"战略是增强学校核心竞争力的关键举措，也是深化学校内涵建设和提升本科教学质量的重要抓手。学校出台了多项措施加强人才引进和培养工作，但限于学校的地域、条件、环境等因素，依然存在专任师资总量结构有待优化、教师队伍素质能力有待提升、教师教学精力投入有待提高、教师发展服务工作有待加强等问题。集中表现在：教学名师特别是高层次的教学名师比较少，拔尖人才总量不足；具有海外教育、工作或研究经历与背景的教师和外籍教师所占比例不高；部分教师在教学上的时间和精力投入不够，一定程度上存在重科研轻教学现象；有些教师感觉

工作条件和生活环境与期望值差距较大，导致师资队伍不稳定，人才流失现象凸显。

三是专业建设管理亟待加强。学校和各学院针对专业建设部分存在缺乏顶层设计、长远规划，存在松散运行、粗放管理的现象，专业认证标准和行业标准建设比较滞后。一方面，学科专业壁垒影响专业群的建设，各相关学科专业缺乏有效的整合。学科专业划分过于细致，教师跨学科意识淡薄，跨学科教学科研活动受到影响，"单打独斗"和学院"小而全"的问题仍然存在，阻碍了新兴交叉学科与专业的产生与发展。另一方面，专业布局与招生规模的调整动力仍以校内为主，缺乏系统的专业建设评价机制。有些学院对专业动态调整机制缺乏深刻的认识，专业建设与发展的危机意识不强，专业预警和第三方信息反馈机制没有有效地运行，部分教学单位主动进行专业调整动力不足。

三、新阶段学科专业建设的思路与对策

"十三五"时期，是全面贯彻落实国家和江西省《中长期教育改革和发展规划纲要（2010—2020年）》的收官时期，也是我校努力建设成为行业有重要影响、综合实力居省内前列、特色学科创国内一流的有特色高水平大学的关键阶段，进一步推进一流学科专业建设尤为迫切。在"双一流"建设大背景下，未来几年，学校将以办学定位构筑有特色高水平大学建设的内核，以学科建设引领有特色高水平大学核心竞争力提升的方向，以专业建设夯实有特色高水平大学人才培养质量的基石，围绕"统一思想力求有前瞻、明确目标力求有突破、统筹推进力求有作为"的发展思路，结合实际、强化管服，加快推动学科专业建设"入主流、创特色、上水平"，更好地支撑和引领有特色高水平大学建设。

（一）统一思想，发展定位力求有前瞻

根据国家和全省"双一流"建设统一部署，学校先后制定了《"十三五"事业发展规划》《学科建设及学位与研究生教育"十三五"发展规划》《江西农业大学"双一流"建设实施方案》《江西农业大学校级重点学科建设实施办

法（试行）》《江西农业大学一流专业建设方案》，统一思想、整合力量，坚持以建设有特色高水平区域一流农业大学为目标，瞄准农业科技前沿，围绕我国农业、农村、农民发展的重大需求，不断优化学科专业结构，大力增强学科专业特色优势，坚持以质量提升为核心，走有特色、高水平、内涵式发展道路，紧密围绕"创新引领、绿色崛起、担当实干、兴赣富民"战略，服务国家和地方经济社会发展需求。

在具体思路和工作举措上，围绕"一流学科、一流专业"建设，进一步优化"科技农业"和"人文农业"双轮驱动、"传承发扬"和"创新发展"相互促进的发展思路，结合江西省"有特色高水平大学和一流学科专业建设"工作部署，学科建设把握好地方性、特色化、高水平3个方面内涵实质，努力培养国家级一流学科，积极参与省级优势学科、成长学科、培育学科建设，加快推进校级优势学科、培育学科等重点学科建设，不断完善国家、省级、校级三级重点学科建设体系；专业建设注重基础条件、特色优势、建设目标与国内外标杆专业的比较分析，重点支持培养国家级一流专业（特色专业），积极参与省级优势专业、特色专业建设，加快推进校级一本专业、特色专业建设，不断完善国家、省级、校级三级品牌专业建设体系。主动适应建设"一流学科专业"的新事态、新业态、新常态和建设有特色高水平大学的要求，构建起规模、层次、布局及结构合理，体系完善、特色鲜明、重点突出的学科专业建设框架，为加快建成有特色高水平大学奠定更加坚实的基础。

（二）明确目标，一流建设力求有突破

学校"双一流"建设将紧紧围绕"服务江西，重点建设""特色发展，分层建设""问题导向，创新建设""绩效约束，动态建设""政府引导，协同建设"的建设思路和基本原则，按照建设有特色高水平大学的总要求，对学科体系和特色学科建设进行统筹谋划，并结合自身的特色和优势确定中长期（2030年）建设目标。一是紧盯国家一流学科评定标准，力争在畜牧学、作物学、林学3个一级博士学科中实现国家一流学科突破，力争实现1~2个学科进入ESI全球前1%；二是参与省级一流学科建设，力争新增一级学科博士点1~2个，争取获批2~3个省级优势型学科、5~8个省级成长型学科和3~5个省级培育型学科；三是强化校级重点学科建设，针对非省级一流学科、一流专业所涉及的学科，遴选10个左右学科，分为校级优势学科、校级培育学科两个层次进行重点建设，作为冲击更高层次一流学科的后备力量。努力缩小与先进高校之间的差距，若干优势学科率先跻身国内一流学科行列。

针对"一流专业建设"，重点围绕优势专业必须在全省本科专业综合评价中得分不低于80分或排名位于前10%、特色专业得分不低于75分或排名位于前20%的标准，加强专业建设和发展规划，努力培养省级优势专业和特色专业，并争取个别专业达到国内一流水平。到2020年，以学校现有一本专业为基础，着力建设2~3个优势专业，3~4个特色专业，力争个别专业达到省内乃至国内一流水平。到2030年，全面优化专业结构，稳定专业数量，形成基础与应用并重、优势特色鲜明的多学科交叉融合、统筹发展的专业布局，打造10~20个优势明显、特色鲜明的省级一流专业，每个专业都建成一个优秀的教学团队。争取农学、动物科学、林学、园林等专业进入国内一流行列。

（三）统筹推进，内涵发展力求有作为

为优化各类资源配置，建设一流学科专业，江西农业大学将按照"突出重点、优化结构、分类指导、错位发展"的建设方针，重点抓好人才队伍建设、重点学科建设、一流本科建设，着力推进"农林学科争一流、理工学科上水平、人文社科创特色"，力求"科技农业"与"人文农业"协同发展，学科整体水平和人才培养质量全面提升，加快推进有特色高水平大学建设。

一是抓好人才队伍建设"六项功能模块"。大力实施"人才强校"战略，深化学校内涵建设和提升人才培养质量。通过改善人才成长软件条件、完善人才成长硬件环境"两大基础"工作，加强人才队伍建设投入；实施高端人才引进工程、急需人才吸纳工程、青年师资培育工程"三大工程"引领人才队伍建设；抓住培养、吸引、用好和稳定人才"四大环节"，创新选人用人机制；围绕建制度、塑文化、树典型、重服务"四大举措"强化师德师风建设；深化职称制度改革、完善教师培养制度和考核激励机制、完善教师发展中心职能、改善教师工作生活条件等"五大政策"，全面服务教师职业生涯发展；努力实施入职培训、助教制度、教学竞赛、进修研修、科研提升、跨界合作"六大项目"，助推人才队伍能力水平提升。

二是抓好一流学科建设"水平提升计划"。以贯彻落实《江西省有特色高水平大学和一流学科专业建设实施办法》《江西农业大学校级重点学科建设实施办法》为指导，面向学科发展前沿的关键问题和经济社会发展的重大需求，尽快完善国家、省级、校级三级重点学科建设体系，优化布局、分层建设、分类引导、重点打造，全面提升学科建设顶层设计水平；加强学科带头人遴选、学科团队、学科人才梯队的组织建设工作，加强领军人才和科研创新团队引进和培育工作，形成"人人都进学科团队，人人都有学科方向，人人都有学科归属"的学科建设氛围，从总量和质量上提升人才队伍水平；加强学科平台基地建设，积极组织申报更高层次的各类平台和创新团队，以重大项目研究、高层平台建设为载体，强化与国内外企事业单位的交流合作，提高学科成果和社会服务含金量，提升学科综合实力与科技水平。

三是抓好一流本科建设"质量提升计划"。进一步按照"立德树人，提高质量"总体要求，以"本科教学质量与教学改革工程"为载体，积极探索一流专业建设，努力实施"12345"本科教育质量提升计划。即：坚持以立德树人、提高质量为中心，促进学生全面发展、健康成长成才；把握"师德师风建设""学风考风建设"两个关键因素，明确"培养'厚基础、宽口径、强能力、高素质'的复合型专业人才""构建个性化、优质化、开放型、共享型的教学平台""营造教学相长、教研相促的校园文化氛围"三个目标，抓好"教学改革、课堂教学、实践教学、第二课堂"四个培养环节，突出"培养模式、专业建设、课程建设、实习实践、师生融合"五项重点工作，最终实现有特色高水平的人才培养总目标。

第六章　乡村振兴战略背景下新型职业农民培育

新型职业农民是我国实现农业转型、加快农业现代化的关键要素。新型职业农民是指具有科学文化素质、掌握现代农业生产技能、具备一定经营管理能力，以农业生产、经营或服务作为主要职业，以农业收入作为主要生活来源，居住在农村或集镇的农业从业人员。2012年8月，农业部办公厅印发《新型职业农民培育试点工作方案》，首次对"新型职业农民"界定为"具有较高素质，主要从事农业生产经营，有一定生产经营规模，并以此为主要收入来源的从业者"；2013年5月，农业部办公厅印发《关于新型职业农民培育试点工作的指导意见》（农办科〔2013〕36号），对"新型职业农民"进一步定义为："以农业为职业、具有一定的专业技能、收入主要来自农业的现代农业从业者。主要包括生产经营型、专业技能型和社会服务型职业农民。"2018年6月，农业农村部办公厅进一步下发《关于做好2018年新型职业农民培育工作的通知》（农办科〔2018〕17号），要求把培育新型职业农民作为强化乡村振兴人才支撑的重要途径。与传统农民相比新型职业农民具有"四个要素"：一是"以农业为职业，包括生产、经营与服务"；二是"具有一定的专业技能"；三是"收入主要来自农业"；四是"从事现代农业而非传统农业"。其最基本的特征是：其一，新型职业农民不再是"士农工商"身份的象征，而是基于职业的一种界定，是基于社会平等基础上的一种职业的自由选择；其二，新型职业农民是有文化、懂技术、会经营，具有较新理念、较高素质和能力，以农业生产经营为稳定职业，适应农业市场主动参与市场竞争，追求经济效益最大化的新型农民；其三，新型职业农民还是具有较高的科学文化水平、良好的农业生产技能和系统的农业技术知识，具备较强的农业生产决策能力和市场竞争意识，能自觉承担农业生产的自然风险和市场风险的新型农民。

新型职业农民培育是一项关系"三农"发展的基础性、长期性工作，是一个复杂的系统工程。党的十九大报告明确提出要实施乡村振兴战略，培育新型农业经营主体，培养造就一支懂农业、爱农村、爱农民的"三农"工作队伍。乡村振兴战略中人才振兴是基本保障和关键一环，新型职业农民的培育是重中之重。但新型职业农民的发展壮大不是一蹴而就的，而是一个不断发展提升的过程，培养和教育对于新型职业农民群体的成长具有关键性作用。当前，高等农业院校已经成为培育新型职业农民的主力军和主阵地，不仅负有农业教育和科学研究的重要职能，更负有服务社会，承担起培养创新农业人才、推动农村社会发展的重大使命。江西农业大学作为高等农业院校，在长期服务江西"三农"实践中，充分发挥农业科教资源平台优势，不断提高农业领域科技供给能力，努力承担培育新型职业农民的社会责任，形成了新型职业农民培育"三三三"模式，取得了良好成效，在服务乡村振兴战略中作出了贡献。

一、新型职业农民培育"三三三"模式实施情况

江西农业大学注重从学校自身实际出发、凝练学校特色，通过继承发扬创新实践、扎根基层、学以致用"三理念"，借助学校农业科技研发平台、农业科技推广应用平台、农业科技咨询服务平台"三平台"，采取一村一名大学生工程、科技特派团（员）工程、"掌上农技"线上线下科技服务工程"三举措"，致力培育满足"三农"发展需求的新型职业农民，有效地促进了先进农业技术成果的转化并产生了巨大的社会价值和经济价值，形成了鲜明的新型职业农民培养特色。

（一）继承发扬新型职业农民培养"三理念"：创新实践、扎根基层、学以致用

江西农业大学作为一所高等农业院校，以"兴农、爱农、为农；懂农业、

爱农村、爱农民;下得去、用得上、留得住、干得好"为办学准则,致力于新型职业农民的培育以更好地服务乡村振兴战略。特别是1958年,根据"半工半读"的教育思想创办江西共产主义劳动大学,学生半工半读、勤工俭学、注重实践、社来社去、免费入学,形成了"注重教学实践、科研实践、生产实践,以科研实践见长,重在培养学生研究能力为主"的育人特色,坚持创新实践、学以致用、村来村去、扎根基层,不断推进农业农村人才培养实践。特别是新世纪以来,学校继承发扬农业农村实用人才培养理念,按照"厚基础、宽口径、高素质、强能力"的要求,全面总结"理论与实践结合、学习与研究结合、学校教育与社会教育结合"的经验,不断创新实践,培养新型职业农民。不断总结形成了新型职业农民培养"三理念"。

一是坚持因地制宜,创新实践。面向地区、面向农业、面向基层,以地方农业生产实际为出发点和落脚点,着重解决农业生产中的关键问题,努力满足农业生产的发展需求,让学员掌握最基本的知识和最关键的技术,走一条"优质长效"的职业教育之路。二是坚持立德树人,扎根基层。以从农村来到农村去为指导方针,"饮水思源,不忘根本",坚持理想信念教育、专业思想教育、身心素质塑造融于一体,坚定学员兴农、爱农、为农思想,鼓励扎根基层,下得去、用得上、留得住、干得好,增强社会责任意识和担当能力。三是坚持因需施教,学以致用。面向农业农村、社会基层设置专业,为学员"量身定制"辅助教材,结合实际需求拓展教学大纲,学员半工半读,实行教学、生产、科研相结合,培养满足"三农"需求的实用人才。

(二)建立健全新型职业农民培养"三平台":研发平台、实训平台、智库平台

江西农业大学紧跟时代步伐,紧扣国家战略、区域发展及农业现代化发展的重大需求,面向农业科技前沿、对接经济主战场,不断完善以重点实验室、工程技术研究中心等为主体的科技研发平台,以国家级新农村发展研究院、全国职业教育师资培训重点建设基地等为主体的农业科技应用推广实训平台,以江西省乡村振兴战略研究院、江西农村发展研究中心等为主体的农业决策咨询智库平台,结合乡村振兴战略大力推进农业科技创新和成果转化,不断完善全

新型职业农民培养"三平台"。

一是依靠特色优势学科加强农业科技研发平台建设。学校依托优势特色学科，建有国家重点实验室1个，国家地方联合工程实验室、教育部重点实验室、农业部重点实验室、国家林业和草原局重点实验室（工程技术研究中心）以及江西省重点实验室（工程技术研究中心）等创新平台共20个，省高校重点实验室4个、省高校高水平实验室（工程中心）2个，组建了国家级新农村发展研究院1个、国家级"2011协同创新中心"1个、省级"2011协同创新中心"5个，南昌市重点实验室4个，校级各类科研平台50个，"金字塔"型创新平台体系日趋完善，为促进创新链对接产业链夯实了基础。二是依靠实践培训基地加强农业科技实训平台建设。学校依托"全国重点建设职教师资培训基地"，每年开办国培班及省培班，对农村职教师资进行培训，截至2017年共举办国培班18期共1000多人、省培班38期共2000多人，其他各类实用农业技术培训万余人。与江西省100多个县市区政府园区（企业、合作社）深度合作，建立了6个农业科技综合服务示范试验基地、30个特色产业示范基地和一批分布式服务站，拓宽科技成果示范与转换的渠道。三是依靠人文农业优势加强农业科技智库平台建设。2014年，江西农业大学获批成立国家级新农村发展研究院，学校以新农村发展研究院为平台，整合和集聚科技资源，大力推进校地、校企、校所间深度合作，探索建立以大学为依托、农科教相结合、教科推一体化的农业科技服务新模式，积极围绕我省重大农业农村经济发展问题开展各类课题研究，为相关领导及其部门提供农业决策咨询服务。

（三）抓好抓实新型职业农民培养"三举措"：人才培养、科技服务、智力帮扶

农业现代化关键是农民现代化，农业强省建设关键是农民强"技"，农业国内外核心竞争力提升关键是农民科技能力水平的提升。江西农业大学通过实施"一村一名大学生"工程、科技特派团（员）工程、"掌上农技"线上线下科技服务工程等举措来培育新型职业农民，大力开展对口支援帮扶、助力乡村振兴，提升农业农村核心竞争力，形成了具有农大特色的新型职业农民培育体系，在推动农民现代化方面取得了显著成效。

一是大力实施"一村一名大学生工程"。学校不断完善培养管理模式，基本形成"政府出钱、大学出力、农民受益"的教育模式，"政府出钱、大学出力、农民受益"的培养模式；"不离乡土、不误农时、工学结合"，"因需施教、分段集中、统一培养"的学习模式，其培养目标是培养"不走的大学生"。教学培养遵循"加、减、乘、除"法则，即增加了教学大纲以外的如农村经纪人、农产品电子商务、农村土地流转确权、农产品食品安全、新农村建设、休闲观光农业等课程，使学员的理论知识水平得到大幅增长；对学员已经熟知的或已过时的知识进行相应的删减；采用课堂教学与现场教学相结合的方式，使学员学习起到事半功倍的效果；对学员原来在农业生产经营当中存在的一些误区和习惯性的错误方式进行疏导、删除。截至目前，共招收培养12099名学员，其中专科学员8149名，本科学员3950名。学员中创业人员6500多人，致富带头人870多人。涌现出省级"劳动模范""全省优秀党支部书记"等10多位职业农民先进典型。二是大力实施科技特派团（员）工程。学校以科技特派团为平台，认真组织实施"科技特派团富民强县工程"。该工程采取"6161"科技精准扶贫模式，即通过"一个科技特派团、服务一个县域支柱产业、建立一个产业示范基地、培育一批乡土产业人才、协同完成一个重大科技项目、带动一方群众脱贫致富"和"一个科技特派员、蹲点一个村、对接一个地方企业、推广一项实用技术、上好一堂培训课、带领一些贫困户脱贫"来实施，效果显著。2014年以来，先后派出100多个科技特派团、500多名专业技术人员，在全省开展科技服务，重点对口支援信丰县、大余县等赣南等原中央苏区，初步探索出了以项目、人才对接产业的精准帮扶模式，通过科技特派团助力贫困县脱贫攻坚，取得了预期成效。在科技特派团工作开展中，地方为主导、教师为主体、学员为主角，以科技服务促进人才培养，丰富和发展了学校新型职业农民培养的形式与内容，让农民在实践中感悟、在实践中成长。三是大力实施"掌上农技"线上线下科技服务工程。学校积极参与乡村振兴战略，推进互联网+农技服务体系建设，与江西省农村致富技术函授大学合作共建"掌上农技"服务平台，选派44名科技特派团团长和171名专家作为"掌上农技"微课堂主讲人，线上线下为农村专业户开展农业科技咨询服务。此外，江西农业大学创新实施了科技物化成果"五个一"

品牌（"一头猪"：优质种猪；"一株稻"：高产超级稻；"一种果"：赣南脐橙；"一头牛"：高安肉牛；"一棵树"：现代林木），带动农业产业发展。随着一大批先进实用技术的推广应用，产生了巨大的社会价值和经济价值。

二、存在的问题与不足分析

新的形势下，提高农民素质、培养新型职业农民，是乡村振兴战略的关键内容，是强化乡村振兴人才支撑的重要途径。审视学校在新型职业农民培育中的作为，还存在诸多迫切需要破解的问题和难题。如：培育组织体系单一，系统动力不足；相关部门间的联动不够，协作培育力度和灵活性不足；师资力量有待加强，培育模式与农民的实际需求对接松散；经费投入有限、政策支持力度不足等。综上所述，可以概括为3个方面：

（一）新型职业农民培育理念需要与时俱进，进一步优化培养教育体系

学校在新型职业农民培养探索中形成了创新实践、扎根基层、学以致用"三理念"，但在实施过程中依然面临许多新变化、新问题、新要求。一是新型职业农民培育理念宣传推广普及不足。高校职能部门、地方政府、职业农民都要认识到理念引领的重要性，认识到新型职业农民培育的核心所在，以实践为基础，以农村为舞台，以实用为抓手，进一步推动新型职业农民培育工作。二是新型职业农民培育理念融入培育体系不足。以理念为引领，从培育对象组织、师资力量统筹、教学内容安排、教学模块设计、教学手段创新、条件保障落实、培育目标监管等，都需要进一步科学统筹协调，确保培育理念落到实处。三是新型职业农民培育理念发展创新应用不足。尽管在以往的职业农民培育过程中，考虑到了不同对象、不同专业、不同层次等需求，但结合"三农"发展新形势和新要求，教学模块的设计、信息化手段的革新、生产实践与教育培训的融合、弹性学制和培训标准化建设等，都需要进一步拓展思路，提高新型职业农民培育组织的灵活性和实用性。

（二）新型职业农民培育平台需要更加完善，进一步强化培养保障体系

学校在新型职业农民培养中主要依托研发平台、实训平台、智库平台，从学校内部层面讲，平台搭建是比较齐全的，也有良好的覆盖面，能一定程度上满足新型职业农民培育的需要，但是针对职业农民发展的多元化、农业科技需求的多元化，平台建设同样面临许多新变化、新问题、新要求。一是平台建设不能充分满足新型职业农民培育的发展和需求。随着农村社会经济分工细化，新型职业农民有生产经营型、专业技能型、专业服务型、创新创业型等类型，同时也涉及新型农业经营主体、现代家庭农场主、农民专业合作社、农业龙头企业等集体组织和个人，各主体和素质技能层次参差不齐、需求多样、变化频繁，从学校层面满足培育需求难度较大。二是平台建设不能充分整合新型职业农民培育的资源和力量。目前学校层面开展的新型职业农民培育主要依靠的是学校相关平台资源，在农业科研机构、农机推广机构、农业龙头企业、农民专业合作社等资源整合上存在一定的不足，没有形成健全的以政府主导、学校参与，"专门机构+多方资源+市场主体"的教育培训体系。三是平台建设不能充分保障新型职业农民培育的运作和条件。国家出台了许多相关新型职业农民培育的文件和通知，但培育成效与各级政府和主管部门重视和参与程度密不可分，平台运行的政策、人员、经费和条件保障直接影响到最终的绩效，需要进一步加大平台条件能力建设力度。

（三）新型职业农民培育技能需要有效供给，进一步物化实用技术体系

新型职业农民的培育直接决定农业供给侧结构性改革和乡村振兴战略能否有效落地落实，为此学校采取了多项措施推进工作，但相对于农业科技市场需求和农业从业者教育基数，我校新型职业农民培育的教育资源相对紧缺，科技供需对接相对松散。一是新型职业农民培育师资队伍建设比较薄弱。随着农业生产现代化、市场化、规模化、信息化发展，家庭农场、种养大户、龙头企业、农民合作社等生产经营主体不断涌现，这些经营主体已不局限于对农业生产技术的需求，更涉及生产管理、经营管理、财务管理、市场运作等多方面的知识和技能，对师资提出了更高的要求。二是新型职业农民培育科技成果转化比较薄弱。随着新型经营主体的内涵发展和一二三产业融合联动，对新型实用

技术和创新成果转移转化方面的需求日益高涨，而学校高层次、创新型、接地性科技成果偏少，导致科技供给侧不足。三是新型职业农民培育教学实训基地比较薄弱。新型职业农民的培育不能仅仅满足于泛泛的课堂培训，讲究系统而全面，更在乎"一事一训、一技一培"的实践锻炼，追求针对性、实用性，生产教学示范基地建设在其中就显得尤为重要，这依然是当前新型职业农民培育的短板。

三、新型职业农民培育的改进对策

新时代如何准确把握乡村振兴战略新要求，明确新型职业农民培育的目标任务，以服务质量兴农、绿色兴农、品牌强农为导向，聚焦乡村振兴人才需求，切实提高新型职业农民培育的针对性、规范性和有效性，是当前乡村人才振兴迫切需要解决的问题，是各类培训机构应有的共同担当。农业农村部办公厅《关于做好2018年新型职业农民培育工作的通知》中明确要求，坚持目标导向、需求导向和问题导向相结合，加强需求分析和内容设置调研，提升培育针对性；加强过程管理和标准建设，突出培育规范性；加强政策扶持和延伸服务，提高培育有效性。我校将以此为工作方向和目标，在"创新理念，明确目标，完善管理服务体系""多方聚力，共担责任，强化培育平台建设""提升能力，务求实效，服务乡村人才振兴"上下功夫，进一步推进乡村振兴战略背景下新型职业农民培育工作。

（一）创新理念，明确目标，完善管理服务体系

在新型职业农民培育上进一步落实创新实践、扎根基层、学以致用"三理念"，围绕目标导向、需求导向和问题导向，健全组织、管理和服务体系，提升新型农民培育的针对性、协同性、灵活性和专业性。一是加强新型职业农民培育理念创新。结合新型农民培育实践工作的开展不断创新，强化培育理念与整个培育环节的融合，以理念为引领，推动全面建立职业农业制度，带动乡村人口综合素质、生产技能和经营能力全面提升，让农民真正成为有吸引力的职业，让农业成为有奔头的产业，让农村成为安居乐业的美好家园。二是加强

新型职业农民培育目标定位。从社会经济发展看，实现"四化"同步、小康同步、乡村振兴，补齐农业现代化短板、加快农村小康建设是关键，把培育新型职业农民作为强化乡村振兴人才支撑的重要途经，把培养和造就一批有文化、懂技术、会经营的新型职业农民作为乡村振兴工作的重要抓手。三是加强新型职业农民培育管理服务。结合乡村振兴人才需求实际和学校新型职业农民培育的能力条件，从精准遴选培育对象、科学确定培育方案、配优配强师资队伍、突出科技知识有效供给、强化过程目标考核等方面，提供更好的条件保障和更优质的帮扶服务，提高新型职业农民培育组织的专业性、灵活性和实用性。

（二）多方聚力，共担责任，强化培育平台建设

新型职业农民培育包括农业院校体系、农技推广体系、农业科研体系、农业广校体系四大基本教育培训体系，培育方法途径包括线上教育教学、线下教育教学、课堂专业教学、田间生产实训等方面，需要强化相关职能部门的大局意识和担当意识，凝成合力、全面推进。一是加强校内培育资源整合形成合力。学校要以科技研发平台、实训平台、智库平台作为新型职业农民培育的基础支撑条件，充分发挥国家级新农村发展研究院、全国职业教育师资培训重点建设基地、江西省乡村振兴战略研究院等部分的功能和作用。二是加强校外培育资源利用形成合力。统筹好农广校、农业科研院所、农技推广机构、农民专业合作社、农业龙头企业等各类资源，与学校培育资源形成优势互补，把知识送到田间地头，突出培育的多元性、灵活性和实用性。三是加强校内外培育资源的统筹协调。以校内平台为主，以校外资源为辅，强化模块化培训组织管理，健全完善"专门机构+多方资源+市场主体"教育培训体系，让农民有更多的机会在知情和自愿的基础上科学、理性地选择职业化、现代化发展路径，为职业农民培育提供更加全面、便捷的服务。

（三）提升能力，务求实效，服务乡村人才振兴

学校通过实施"一村一名大学生"工程、科技特派团（员）工程、"掌上农技"线上线下科技服务工程等举措，为新型职业农民培育积累了许多宝贵的经验，但在农业供给侧结构性改革和乡村振兴战略背景下农业科技的有效供给

方面，需要进一步强化。一是加强"双师型"师资队伍建设。结合"一村一名大学生工程"的实施，在本校专业师资的基础上，引进农业科技研发人员、涉农企业专技人员、农技推广服务人员、农业职业经理人、专业技能型和专业服务型职业农民等，作为师资补充到教学实践环节，提供更多的生产实践性的教育辅导。二是加强"实用型"科技成果转化。结合科技特派团（员）工程、现代农业产业技术体系建设，结合江西省中药材、稻田综合种养、牛羊、蜂业、休闲农业、葛业、花卉、花生芝麻、薯类和食用菌10个产业技术体系，推广新品种、新技术、新产品，组装产业配套技术，开展技术培训与服务，为现代职业农业培育精准发力。三是加强"示范型"培育基地建设。为根本解决科技推广服务"最后一公里"问题，学校将进一步推动"科技服务与精准扶贫、产业振兴相结合"的农业科技推广模式，大力实施协同式"科技驿站"、示范式"博士农场"、组团式"产业扶贫"工作，创新体制机制、建立示范基地，为全面提升新型职业农民培育质量、建立职业农民制度奠定实践基础。

第七章 "一带一路"和"乡村振兴"
背景下潜心服务"三农"

农业领域是"一带一路"的战略重点,农业合作是"一带一路"的重头戏,农业高校的作用发挥是其中的重要一环。2013年9月和10月,习近平主席在出访中亚和东南亚国家期间,先后提出倡议共建"丝绸之路经济带"和"21世纪海上丝绸之路"。2015年3月,国务院授权国家发改委、外交部、商务部发布《推动共建丝绸之路经济带和21世纪海上丝绸之路的愿景与行动》,提出了政策沟通、设施联通、贸易畅通、资金融通、民心相通的"五通"战略构建。2016年7月,教育部印发了《推进共建"一带一路"教育行动》,提出开展教育互联互通、人才培养培训、共建丝路合作机制三个方面重点合作。一是要突出地方推进共建"一带一路"的主体性、支撑性和落地性,要求各地发挥区位优势和地方特色,抓紧制定本地教育"走出去"行动计划,紧密对接国家总体布局。二是高等学校、职业院校要立足各自发展战略和本地区参与共建"一带一路"规划,与沿线各国开展形式多样的合作交流,重点做好完善现代大学制度、创新人才培养模式、提升来华留学质量、优化境外合作办学。2017年10月党的十九大报告中提出:农业农村农民问题是关系国计民生的根本性问题,必须始终把解决好"三农"问题作为全党工作的重中之重,实施乡村振兴战略;2018年中央一号文件《中共中央国务院关于实施乡村振兴战略的意见》进一步强调实施乡村振兴战略,坚持农业农村优先发展,明确了产业兴旺、生态宜居、乡风文明、治理有效、生活富裕的总要求。世界经济看中国,中国经济看农业。农业是中国第一大经济体,必须加强扶持与全面推动。农业要强就必须激发农业农村经济活力，提升农产品品质、确保农产品安全，加强农业人才、技术交流与共享，促进农资产品、农业市场交易的合理公平。在"一带一路""乡村振兴"建设中，农林高校必须有足够的担当，依托各自区域特色和优势，确定重点发展方向，大力推进人才培养、科技服务、智库建设、国际合作等工作，服务新型"三农"发展和乡村振兴战略。

江西农业大学注重从学校自身实际出发，凝练学校特色、对接"一带一路"、服务"乡村振兴"，积极参与到农业教育和农业科技的国际化合作建设当中去。学校以"一带一路"建设、乡村振兴战略为机遇，通过继承发扬"开放办学、扬长补短、创新实践"的理念，借助学校农业科技研发平台、农业科技推广应用平台、农业科技咨询服务平台等平台和采取一村一名大学生工程、科技特派团（员）工程、特色产业精准扶贫示范工程等举措，积极参与"一带一路"和乡村振兴建设中农业教育科技创新与农业全领域教育科技合作，为实现"共商、共建、共享"的国际农业提供有效的科技支撑。

一、继承发扬办学国际化"三理念"：开放办学、扬长补短、创新实践

江西农业大学建校113年，是中国现代农业高等教育的发祥地之一。学校始终坚守"厚德博学，抱朴守真"的治学精神，涌现了胡先骕、周拾禄、杨惟义、黄路生等一大批学术大师，受到毛泽东、周恩来、朱德等老一辈党和国家领导人的高度重视和亲切关怀，积淀了深厚的学术底蕴和精神文化。特别是改革开放40年来，学校坚持继承发扬"创新实践、扎根基层、学以致用"的办学经验，围绕"加强基础，拓宽口径，注重实践，提高能力"的时代要求，进一步强化教育教学，取得了良好的办学效果。进入新世纪以来，学校坚持开放办学的理念，在外国专家引进、公派留学、招收留学生、国际合作办学等方面都得到了较大的发展，对外交流与合作日趋活跃，国际化办学水平不断提升。

一是继承发扬"立足实际、开放办学"的科技服务理念。学校注重结合时代、结合实际、结合基层开展人才培养工作，特别是1958年至1980年江西共产主义劳动大学时期，在"半工半读、勤工俭学"办学方针的指导下，学校不

断完善教学、生产、科研三结合的人才培养特色，形成了"注重实践、学以致用、扎根基层"的办学特色，为国家培养了22万余名扎根农村的建设人才，得到了党中央、国务院的充分肯定，也得到国际教育界的广泛赞誉。据1968年至1980年的统计，就有86个国家和地区的549批外国朋友共7496人到"共大"访问考察。为更好地服务"一带一路"建设，提高学校国际化办学水平，2018年3月，学校参加了由中国农业大学组织成立的"一带一路"动物科技创新联盟，与中外44所农林院校动科畜牧学院、20家饲料畜牧企业共同搭建了动物科技的产学研合作平台；2018年6月，加入了"'一带一路'南南合作农业教育科技创新联盟"，首批加入联盟的有中国农业大学、西北农林科技大学等国内40所农林院校和吉尔吉斯斯坦国立农业大学、以色列希伯来大学等"一带一路"沿线国家的30所院校，学校将依托该联盟共同推进农业科技创新、农业科技与发展经验共享，促进农业政策对话与沟通，为推动全球农业和农村可持续发展作出应有的贡献。

二是继承发扬"请进来、走出去"的交流合作理念。20世纪80年代后期，学校开始连续聘请外籍教师，后来又设立了"梅岭学者""特聘教授"等外国人才引进项目。经过多年的坚持和努力，先后聘请了来自美国、加拿大、英国、俄罗斯等国家和地区的30多位外籍高水平专家和优秀教师来我校任教或开展合作。他们当中有1人获批入选国家外专千人项目（江西省首位），2人获得中国政府友谊奖，4人获江西省庐山友谊奖，2人获国家高端外国专家项目资助，1人为江西首位外籍博士后。学校积极开展公派留学项目，坚持通过国家留学基金委各类项目、江西省高等学校中青年教师国外访学项目、"百人远航工程"项目、JICA项目等渠道大力选派教师出国进修深造。目前，学校具有海外留学经历的教师达到223人（260人次），占专任教师的23.3%。各学科带头人和骨干教师中大部分都具有国外学习工作经历，涌现了以黄路生院士为代表的一批优秀归国留学人员，公派留学已成为学校师资队伍建设的重要组成部分。

三是继承发扬"联合培养、合作办学"的人才培养理念。从20世纪80年代中期，学校开始招收来华留学生，2013年获批成为中国政府奖学金生培养院校。学校立足特色优势学科，先后培养了短期培训生、语言生、本科生、硕士生、博士生等各类来华留学生，招收了江西省首位外籍博士后，培养了江西省首位攻读学位毕业留学生。学校通过不断改进，已逐步建立了一套较为完善的来华留学生管理体系，来华留学生教育已逐步发展成为学校高等教育事业中一个新的组成部分。学校积极提升国际化办学水平，与澳大利亚纽卡斯尔大学、英国埃塞克斯大学、美国密西西比州立大学等国外高校开展了校际合作，越来越多的学生通过各类出国项目赴海外学习实践。近年来，学校获批公派学生留学项目逐步增多，受资助的人数连续多年位居全省前列，现已涵盖优秀本科生国际交流项目、攻读博士、联合培养博士等公派研究生项目。

二、建立健全服务新三农"三平台"：研发平台、实训平台、智库平台

江西农业大学紧跟时代步伐，紧扣国家战略、区域发展及农业现代化发展的重大需求，面向世界科技前沿、对接经济主战场，不断完善以重点实验室、工程技术研究中心等为主体的科技研发平台，以国家级新农村发展研究院、全国职业教育师资培训重点建设基地等为主体的农业科技应用推广实训平台，以江西省乡村振兴战略研究院、江西农村发展研究中心等为主体的农业决策咨询智库平台，结合农业"一带一路"建设、乡村振兴战略，大力推进农业科技创新和成果转化，涌现出一大批创新成果，支撑引领经济社会发展，为我国农业现代化发展作出了应有的贡献。

一是依靠特色优势学科加强农业科技研发平台建设。学校坚持以农为优势、以生物技术为特色、多学科协调发展，大力推荐有特色高水平农业大学建设。目前，学校依托优势特色学科，建有国家重点实验室1个，国家地方联合工程实验室、教育部重点实验室、农业部重点实验室、国家林业和草原局重点实验室（工程技术研究中心）以及江西省重点实验室（工程技术研究中心）等创新平台共20个，省高校重点实验室4个、省高校高水平实验室（工程中心）2个，组建了国家级新农村发展研究院1个、国家级"2011协同创新中心"1个、省级"2011协同创新中心"5个，南昌市重点实验室4个，校级各类科研平台50个，"金字塔"型创新平台体系日趋完善，为促进创新链对接产业链夯实了基础。依托农、林、牧等学科特色和优势，通过科技创新引领、成果转移转化、

对口支援帮扶、政策决策咨询等方式途径，为破解"三农"问题精准发力。"十二五"以来，学校科研获各级各类科研成果奖励100多项，其中国家技术发明二等奖1项，国家科技进步特等奖1项、二等奖5项。自主选育新品种7个，获授权专利69件。

二是依靠实践培训基地加强农业科技实训平台建设。自1991年开始，江西农业大学就承担了江西省中等职业学校骨干教师和中等职业学校校长培训任务；1993年经江西省教委批准成立"江西省农村职教研究与师资培训中心"；2000年经教育部批准成立"全国重点建设职教师资培训基地"；2008年被江西省教育厅批准为"省级职业教育师资培养培训基地"。学校依托"全国重点建设职教师资培训基地"，每年开办国培班及省培班，对农村职教师资进行培训，共举办国培班18期共1000多人、省培班38期共2000多人，其他各类实用农业技术培训万余人。同时，学校大力围绕生猪、水稻、油茶、脐橙、猕猴桃、牛肉、花卉苗木、蔬菜、休闲农业等江西特色优势产业，与江西省100多个县市区政府园区（企业、合作社）深度合作，建立了6个农业科技综合服务示范试验基地、30个特色产业示范基地和一批分布式服务站，拓宽科技成果示范与转换的渠道；学校大力开展对口支援帮扶、助力乡村振兴，通过示范基地建设带动农业产业的快速发展，形成了特色鲜明的"科技特派团6161精准扶贫与科技服务模式"，得到科技部等国家部门的认可，在2016年全国扶贫日活动中作典型发言。

三是依靠人文农业优势加强农业科技智库平台建设。2014年，江西农业大学获批成立国家级新农村发展研究院，学校以新农村发展研究院为平台，整合和集聚科技资源，大力推进校地、校企、校所间深度合作，探索建立以大学为依托、农科教相结合、教科推一体化的农业科技服务新模式，积极围绕我省重大农业农村经济发展问题开展各类课题研究，为相关领导及其部门提供农业决策咨询服务。同时，为了探索江西农业参与"一带一路"建设和乡村振兴的实现路径，学校在江西现代农业及其优势产业可持续发展的决策支持协同创新中心的基础上，围绕"农业农村现代化发展""产业兴旺与食物安全""生态宜居与乡村治理"等重点方向，立足江西"三农"实际，对接省委省政府农业强省建设及乡村振兴战略部署，致力于有针对性的政策和应用对策研究，及时为省委省政府制定农业和农村经济发展政策提供决策咨询。2017年12月，学校在与北京大学共建的基础上，联合中共江西省委农工部、江西省农业厅共建江西省乡村振兴战略研究院，进一步整合资源、凝练方向、聚集人才、联合作业，建设江西省高端重点智库平台。为了大力打造新型特色智库，学校依托新农村发展研究院创立内刊《调查与研究》，依托江西省乡村振兴战略研究院、江西农村发展研究中心、新农村发展研究院等新型智库平台，形成了精准扶贫、现代农业强省、生态文明建设、农村土地改革等系列智库成果，多次获得省委省政府主要领导肯定性批示，为助推"一带一路"建设和乡村振兴提供了智力支持。

三、抓实抓好农民现代化"三举措"：人才培养、科技服务、智力帮扶

农业现代化关键是农民现代化，农业强省建设关键是农民强"技"，农业国内外核心竞争力提升关键是农民科技能力水平的提升。江西农业大学通过实施"一村一名大学生"工程、科技特派团（员）工程、特色产业精准扶贫示范工程等举措，大力开展对口支援帮扶、助力乡村振兴，提升农业农村核心竞争力，形成了具有农大特色的新型职业农民培育体系，在推动农民现代化方面取得了显著成效。

一是大力实施"一村一名大学生工程"，助力乡村人才振兴。2011年9月，江西省全面实施"一村一名大学生工程"，培养农村致富带头人和新型职业农民。我校是2家培养单位之一。"一村一名大学生"采用"学历+技能"的培养方式，通过村委、乡镇、县区三级推荐报名，参加全国成人高考获得录取资格。截至目前，共招收培养12099名学员，其中专科学员8149名，本科学员3950名。学成毕业学员3938名，其中专科学员3201名，本科学员737名。学校不断完善"一村一名大学生"的培养管理模式，基本形成"政府出钱、大学出力、农民受益"的教育模式，"不离乡土、不误农时、工学结合""因需施教、分段集中、统一培养"的学习模式，为广大农村培养"不走的大学生"，造就一支懂农业、爱农村、爱农民的"三农"工作队伍。在"一村一名大学生"培养过程中，学校坚持把"三农"问题作为主攻课题，帮助学员解决好

"学得好"的问题；把基层农村作为主攻战场，帮助学员解决好"留得住"的问题；把现代农业作为主攻方向，帮助学员解决好"用得上"的问题；把新型农民作为主攻职业，帮助学员解决好"带得动"的问题。学员中涌现出创业人员6500多人，致富带头人870多人，有村支书、主任共计1780人，党员5477人。涌现出省级"劳动模范""全省优秀党支部书记"等10多位职业农民先进典型。

二是大力实施科技特派团（员）工程，助力乡村科技振兴。2014年以来，学校以科技特派团为平台，认真组织实施"科技特派团富民强县工程"。在科技特派团工作开展中，地方为主导、教师为主体、学员为主角，以科技服务促进人才培养，丰富和发展了学校服务"新三农"的形式与内容，解决了科技推广服务"最后一公里"问题，让农民在实践中学习、在实践中感悟、在实践中成长。通过近5年的实施，形成了具有江西特色的"6161科技服务"模式（即："一个服务团，服务一个产业，建好一个示范基地，培育一批乡土人才，协同解决一个关键技术，带动一方群众脱贫致富"；"一个专家、蹲点一个村、对接一个企业、推广一批实用技术、上好一堂培训课、带领一些贫困户脱贫"）。同时，借助互联网信息技术，与江西省农民致富函授大学合作共建"掌上农技"（农技信息服务）和科技服务公众号及各服务团的微信群，实现专家服务团线上线下开展农技推广与咨询服务。学校先后派出100多个科技特派团、500多名专业技术人员，选派44名科技特派团团长和171名专家作为"掌上农技"微课堂主讲人，线上线下为农村专业户开展农业科技咨询服务。打造了"五个一"科技服务品牌（"一头猪"：优质种猪；"一株稻"：高产超级稻；"一种果"：赣南脐橙；"一头牛"：高安肉牛；"一棵树"：现代林木），形成了"三式合一、五位一体"的科技服务新模式（即：通过契约式、组团式、协同式"三式合一"机制开展科技服务与精准扶贫，通过特色产业示范基地、科技驿站、产业精准扶贫、农村创新创业人才培养、咨询服务"五位一体"模式服务农业农村现代化建设），产生了巨大的社会影响和经济价值。

三是大力实施特色产业精准扶贫示范工程，助力乡村产业振兴。为根本解决科技推广服务"最后一公里"问题，学校大力推动"科技服务与精准扶贫、产业振兴相结合"的农业科技推广模式，组织各类特色产业专家服务科技特派团在首席专家的带领下，实施产业技术服务和科技精准扶贫工作，助推农林特色支柱产业发展。每年现场技术指导20000余人次，培训乡土人才和新型职业农民15000余人次，与200多个农业龙头企业等新主体建立了科技合作关系，累计推广和解决关键技术300余项，引进新品种50余个，为江西省科技精准扶贫和优势农林产业发展提供了强大的科技支撑。为提高助力乡村产业振兴效果，学校重点实施了协同式"科技驿站"、示范式"博士农场"、组团式"产业扶贫"工作。依托水稻高产栽培团队在江西上高、进贤、鄱阳、兴国建立了4个"科技驿站"，基地年均开展各类科学试验20余项，推广新技术1~2项，年开展省级及以上现场技术观摩达3次以上，培养了研究生20人、本科生50余人，科技成果应用产生效益19.71亿元，实现了服务地方经济和人才培养质量提高的双丰收；依托菌菇科技特派团建立永新"博士农场"，与永新县栖凤塔农业科技有限公司共建"菌菇特色产业基地"，通过"博士农场+公司+合作社+贫困户"模式，实现科技引领食用菌发展，助推贫困户脱贫增收；依托猕猴桃特派团实施组团式"产业扶贫"，在江西奉新、井冈山、寻乌等贫困山区建起综合型猕猴桃产业科技推广应用示范基地，示范引进国内外猕猴桃优新品种（系）30余个，选育出新品种2个，累计培训果农2000余人次，培养了懂技术、会管理的技术"二传手"100余人。以上服务"三农"新模式，在新型职业农民培养、科技智力帮扶、服务农业特色产业经济等方面取得了良好成效。

基于"一带一路""乡村振兴"的背景下，我国农业产业发展和全球化布局面临着许多新机遇、新要求、新挑战。江西农业大学将进一步对接"一带一路"、乡村振兴中的农业农村人才需求、科技需求，创新农业实用人才培养体系，培养符合新时代发展需求、具有农业国际化视野的新型职业农民；加大农业科技创新平台建设，进一步提升农业科技研发能力、农业科技推广应用能力、农业科技咨询服务能力，大力推进农业科技创新和成果转化，支撑引领区域经济社会发展；进一步实施好"一村一名大学生"工程、科技特派团（员）工程、特色产业精准扶贫示范工程，形成具有农大特色的服务"三农"的模式和品牌，在服务农业现代化、农村现代化、农民现代化作出新的更大贡献。

第八章 基于德国双元制教育理念的本科生实践教学

坚持教育与生产劳动和社会实践相结合，是党的教育方针的重要内容。2012年2月教育部等部门公布的《关于进一步加强高校实践育人工作的若干意见》（教思政〔2012〕1号）中指出："实践教学依然是高校人才培养中的薄弱环节，与培养拔尖创新人才的要求还有差距。"明确提出要把实践育人工作摆在人才培养的重要位置，强化高校实践教学环节，深化实践教学方法改革，系统开展社会实践活动，加强实践育人基地建设。2015年5月，国务院颁布《关于深化高等学校创新创业改革的实施意见》（国办法〔2015〕36号），提出要"育人为本、提高质量，结合专业、强化实践，推进教学、科研、实践紧密结合，突破人才培养薄弱环节，增强学生的创新精神、创业意识和创新创业能力"。2016年6月教育部下发的《关于中央部门所属高校深化教育教学改革的指导意见》（教高〔2016〕2号）中指出："高校仍存在教育教学理念相对滞后、机制不够完善、内容方法陈旧单一、实践教学比较薄弱等问题，深化教育教学改革，提高高校教学水平、创新能力和人才培养质量是高等教育的核心任务，深化教育教学改革是新时期高等教育发展的强大动力。"当前，全国高校推进"双一流"建设，本科教育是"双一流"建设的重要基础，"一流本科专业"建设是其中的重要内容，而实践教学是一流本科专业建设的中心环节。

高校实践教学对于大学生的对理论知识的理解能力、动手能力、操作能力、协调能力、应用能力、组织能力等，具有重要的促进作用；对完成培养热爱专业所学、敢于承担社会责任、综合素质全面发展的应用型、创新型的专业人才目标，具有重要的支撑作用。"双元制"职业教育在德国的教学培训体系中占据着重要地位，被视为国家经济发展的支柱。如何坚持以人为本、因校制宜，理论联系实际，借鉴德国双元制教育模式的成功经验，针对地方农业高校的专业学习和职业特色，通过创新实践，使实践教学体系进一步完善，实践教学管理工作进一步规范，实践教学质量进一步提升，提高大学生的专业技能和综合素质，促进大学生就业工作，形成鲜明的专业办学特色和优势，实现学生、学校、用人单位和社会的"共赢"，是当前高校实践教学改革创新的重点内容，对于深化教育教学改革、提高人才培养质量，建设创新型国家和人力资源强国，具有重要而深远的意义。

一、高校实践教育现状及存在的问题

我国高等教育已经进入大众化向普及化发展的阶段，较高程度满足了广大人民群众接受高等教育的需求，促进了经济和社会的发展。然而，在高校培养人才数量迅速增长的同时，用人单位对高校毕业生实践能力和综合素质的要求也越来越高，大学教育与社会生产的需求、大学毕业生素质与社会对专业人才的要求存在的矛盾越来越突出。围绕加强实践教育提高人才培养质量，教育部等部门2012年在《关于进一步加强高校实践育人工作的若干意见》中特别要求：各高校要结合专业特点和人才培养要求，分类制定实践教学标准，增加实践教学比重，确保人文社会科学类本科专业不少于总学分（学时）的15%、理工农医类本科专业不少于25%、高职高专类专业不少于50%，师范类学生教育实践不少于一个学期，专业学位硕士研究生不少于半年。为全面落实本科专业类教学质量国家标准对实践教学的基本要求，各高校都积极在理论教学、实验教学、教学实习、第二课堂、毕业实习、课程设计和毕业设计等方面创新实践，努力加强本科生教学工作，不断提高人才培养质量。江西农业大学在实践教学中，继承了学校110多年的历史沉淀和宝贵经验，并不断创新实践，大学生实践教学体系呈现出了一些新情况、新变化、新问题、新特点。

（一）全面推进，形成了实践教学"三三三"模式

江西农业大学本科教育已经有70多年的历史，具有良好的办学声誉。实践教育作为学校教育质量工程建设和改革的重点内容，得到了各个教学单位和专业老师的广泛参与，逐渐形成了"三实践、三平台、三结合"的工作理念和建设模式，即：结合生产教学实践、科技服务实践、社会调研实践"三实践"，依靠教学实践基地、科技服务项目、学生社团活动"三平台"，强化第一课堂与第二课堂、校内实践与校外实践、教育培养与服务社会"三结合"，构建切合时代要求的大学生实践教学体系。

一是依托生产教学实践，知行合一，提升大学生的动手能力。主要依靠学院及各专业教研室，通过专业老师与用人单位、科研合作单位、科技服务单位的联系，以校地合作、校所合作、校企合作等模式建立校内外各类专业教学实习基地。学校要求，每个专业要建设3~5个相对固定的校外实践教学基地，结合实验、实习、实践和毕业设计（论文）等教学环节开展工作，满足全体学生参加生产教学实践的需要。在生产教学实践过程中，积极与相关单位协商实行大学生实践教学"双导师"制，由校内外两名教师共同负责指导学生实践学习，实现理论学习与生产实践的无缝对接，培养学生专业技能和处理实际问题的能力。

二是依托科技服务实践，学思结合，提升大学生的创新思维。主要依靠承担校级以上科研课题和横向课题的老师，通过开展大学生助研活动，针对不同项目将学生按照专业学习和兴趣等进行统一调配，让学生参与到老师的科研项目中，提高大学生"思考问题—分析问题—解决问题"的能力和素质。学校设立大学生创新创业专项基金帮助大学生科研立项，鼓励大学生开展科研创新活动，开展大学生科技论坛和学术交流；通过学工处、教务处、团委、学院等相关部门，积极组织大学生参与"兴赣杯""挑战杯"等科技作品竞赛、创新创业设计大赛和科技下乡等活动；积极组织大学生深入基层开展科技下乡、服务宣教活动，提高大学生的专业学习兴趣和学习能力。

三是依托社会调研实践，学以致用，提升大学生的担当意识。主要依靠学工处、团委、学院等相关部门，结合社会调查研究、志愿服务活动、"三下乡"活动等工作的开展，指导专业性学生社团、专业学习兴趣小组和学生班级

开展相关实践活动。学校要求每个本科生每学年要至少参加1次社会调查、撰写1篇调查报告，参加社会实践活动的时间累计应不少于4周。目前，学校已经形成了"江西省高校环境文化节""环境警示教育""导游之星""保护母亲河行动""绿色使者行动""惟义论坛"等活动品牌。通过系列社会实践服务活动，激发学生的主动性、自觉性、积极性，让学生在实践中"学知识、长才干、有担当、做贡献"，发挥学生在实践育人中的自我教育、自我管理、自我服务、自我提高的作用。

（二）深入实施，面临着"四度四化"难题

通过实施大学生实践教育体系，立足于生产教学实践、科技服务实践、社会调研实践"三实践"，依靠教学实践基地、科技服务项目、学生社团活动"三平台"，强化第一课堂与第二课堂、校内实践与校外实践、教育培养与服务社会"三结合"，致力于培养思想素质好、创新能力优、综合素质高、社会责任心强的专业型、应用型、创新型人才，取得了良好效果。主要体现在：①大学生实践教育体系更加全面，校内外合作办学提升了师资力量，形成了办学特色和办学优势；②人才专业素质培养模式更加多元，全面培养了大学生的实践能力、创新能力和职业道德，帮助大学生更好地实现就业和承担社会责任；③高校服务区域社会经济发展更加有力，促进了教育教学与生产实践的联系，消除了人才培养和社会生产的脱节，大学生综合素质和核心竞争力增强，满足了社会生产对各类人才的需求，实现了大学生、高校和社会的"共赢"。然而，江西农业大学在本科实践教学方面虽然进行了许多有益的探索，但与国家和社会对本科实践教育的要求还有一定的差距，还存在一些需要重点把握的关键问题。

一是大学生实践教育的"参与度"需要优化。从"三实践、三平台、三结合"培养体系看，大学生实践教育涉及的面相对传统教学来说，是比较宽泛的。从校内到校外，从课堂到课外，从管理到服务，从学习到应用，都有所涉及。然而，因为目前的教学安排及管理体制、实践教学基地的条件和活动组织提供的机会都受到一定的限制，特别是由于大学生自身主观或客观的原因，使大学生参与程度和深度都受到影响。如何使大学生实践教育的"面"不仅在体系构建上全面，更要考虑到大学生的全面参与，同时兼顾到专业、时期、兴趣等个性的不同，让大学生普遍接受全方面的实践教育，以提高实践教学的效果，需要进一步地探索。

二是大学生实践教育的"纵深度"需要细化。大学生实践教育的参与程度、深度同样是一个迫切需要解决的问题。在谈到大学生实践教育的"参与面"的问题时，已经涉及大学生的专业兴趣的个性发展，而参与广度和深度则对大学生的专业发展更为重要。大学生参与实践教学是随机的、肤浅的、形式上的、走马观花的实践，还是系统性、高标准、高要求、高技术水平的实践，是否具有严格的时间保障、组织保障、制度保障、平台保障等，对大学生的专业技能训练、综合素质培养、职业道德形成尤为重要。如何将普适性通识实践培训和针对性个性实践教育紧密结合，是推动大学生实践教育更深发展的关键。

三是大学生实践教育的"有效度"需要强化。实践教学"三三三"模式的创新实践，归根到底是希望能够提高大学生实践教育的实效，真正实现学生、学校、用人单位和社会的"共赢"。这种实施绩效由谁来评价、如何评价、依靠什么评、结果如何用等，非常值得思考。这直接关系到大学生实践教育的创新实践的可行性、持续性和有效性，为实践教学深入实施提供可靠的判断依据。就目前看，实践教学的有效度认知是随意的、不成系统的、不全面的，管理评价的方法和手段都缺乏一定的标准性和规范性。如果实践教学的有效性不能科学地、客观地评判，将难以形成好的经验、导向，直接影响到实践教育的深入实施。

四是大学生实践教育的"信誉度"需要深化。大学生参与实践教学整个过程是可信的，实践效果是值得信赖的，是可以依据有关规定进行达标考核的，并且结果可以得到学校和社会的认可，这将激发大学生的参与激情，使实践教育能更好地延续下去。目前，对于实践教育的质量要求和教学标准，国家并没有具体的规范，还处于尝试、摸索阶段。高校实践育人的目标定位、学科专业实践教学的内容特色、实践教学应该达到的效果和要求、相应部门和人员应该负有的职权和义务等，都需要进一步明确规范。2017年6月教育部高教司下发《关于开展高校实践教学标准相关课题研究的通知》，正是基于不同学校定位、分学科门类或专业类的特点，探讨实践教学标准体系的制定和实施问题。

相信，这种体系上、制度上的规范，将对提高实践教学的可信度、充分发挥实践育人的功能产生重要的促进作用。

二、德国双元制教育模式的特点与经验分析

德国双元制职业教育，是指企业培训和学校教育相结合的一种职业教育模式，是以在企业培训为主，与学校理论教学相结合，培养应用型专业人才的重要途径。德国教育部从20世纪80年代初开始实施"双元制职业培训"试点工作，目前已经发展成为支撑国家经济社会发展的重要人才培养模式。当前，实践能力和创新精神越来越成为社会关注的核心问题，这对高等教育特别是高校实践教学提出了一个明确的要求。实践教育是一个系统工程，结合生产教学实践、科研服务实践、社会调研实践等内容，探讨德国的"双元制"职业教育模式，对于我国高校实践教育具有非常积极的意义。

（一）德国双元制职业教育及其特点

"双元制"职业教育被认为是一种典型的现代学徒制，是指企业和学校无缝对接、全面合作的一种职业教育的制度。所谓"双元"：一元是企业，一元是学校。学生在这种模式里面有两种身份：在学校是学生，在企业是学徒。根据职业社会学的门槛理论，青年人要从学校教育过渡到劳动市场去就业，他需要迈过两个门槛。第一个门槛是指从普通的学校教育到职业教育；第二个门槛是指从职业教育到就业。双元制的现代职业教育制度有一个非常好的特点，就是可以降低两个门槛，通过学校教育和企业培训融合，帮助青年人顺利地实现从学校到劳动市场的过渡。这种人才培养模式从培养成本和绩效上看是非常经济的、可取的，这种职业教育模式具有以下几个特点：

一是各级政府统筹，服务于国家人才战略。职业教育的规模是由政府的规划来确定，实施过程中由企业主导，有统一协调的法律体系，有专门的机构承担相关的协调工作，有各方认可和参与的协调机制，学校和企业的合作有制度化的保证，对学校和企业行为有法制化的约束。国家层面负责制定职业教育培养标准，围绕人才培养实施层面高校和企业有相对的自主权。政府主导，双元

合一。政府在经费上给予支持，学生接受学校教育的费用由政府承担，在企业的参训费用大部分由企业承担，国家给予企业税收等方面的优惠政策。

二是企业广泛参与，服务于校企合作办学。双元制职业教育形式下的学生大部分时间在企业进行实践操作技能培训，而且所接受的是企业目前使用的新技术、新工艺、新设备、新材料，培训在很大程度上是以生产性劳动的方式进行。大企业多数拥有自己的培训基地和师资力量。没有能力单独按照国家培训章程提供全面和多样化的职业培训的中小企业，也能通过跨企业的培训和学校工厂的补充，训练或者委托其他企业代为培训等方法参与职业教育。企业实践培训过程同生产紧密结合，服务于实用人才培养。

三是培训考核分离，服务于人才培养质量。早在1969年，德国就颁布了《职业教育法》，随后又颁布了各职业的《培训条例》和《考试条例》，对培养、考核做了明确的要求，有一套非常完整有效的职业资格认证体系（包括三个层面：一是法律制度体系，规定了职业资格认证的总体要求和具体的考核内容及其方式；二是组织实施体系，以行业协会为主导，利益相关各方代表组成命题—考核专家组来具体执行；三是质量保证体系，实现统一标准、统一命题、统一考核时间、统一阅卷和统一发证。企业和高校主要负责培训，考核由雇主、雇员和学校三方代表组织实施，学生考核在各行业协会的监督下进行）。学生参与双元制培训过程中有两次考试安排，两次考试成绩分别占总分数的40%和60%。考试不及格者给予两次补考机会。培训与考核的分离，体现了职业教育的公平公正，使培训毕业证书和资格证书更具权威性。

四是校企双元互通，服务于终身学习理念。双元制教育模式下，学校教育与职业培训是互通的，人生或职业不同的阶段，时时刻刻都有学习提升的机会。德国各类教育形式之间的随时分流是其人才培养的一个显著特点。在完成基础教育后的每一个阶段，学生都可以在普通学校和职业学校间自主选择学习的机会。接受了双元制职业培训的学生，1/3的时间在学校，2/3的时间在企业，毕业后可以在经过文化课补习后进入高等院校学习；取得高校入学资格的普通教育毕业生，可以从头接受双元制职业培训，以求上大学之前获得一定的职业经历和经验。这种交叉学习、螺旋上升的教育培养模式，有利于树立终身学习的理念和构建学习型社会。

（二）德国双元制职业教育的启示

国家振兴靠人才，人才培养靠教育。德国的社会经济稳定持续发展，特别是在制造业上保持着长久的优势，很大程度上受益于"双元制"职业教育模式。在欧洲，瑞士、德国、奥地利、丹麦等国家都采用双元制职业教育制度，这些国家的教育结构和就业结构都保持了较好的匹配，保证了国家经济的顺利发展。从一定程度上讲，双元制职业教育或者现代学徒制是职业教育未来制度发展的一个重要趋势。尽管德国双元制职业教育体系也存在有争议的地方，但对我国职业教育或实践教育依然有着诸多的启迪。

一是职业教育办学体系的多元化。德国职业教育有两种主要类型：一种是校企合作的双元制职业教育，是职业教育的主要形式；还有一种是针对少数职业，采用全日制的职业学校教育，属于个性化教育形式。双元制职业教育中的教学场所包括学校、企业两个载体，其中企业可以根据学习模块、不同的教学任务进行组合，是多元的，凸显了办学主体地位。学生接受培训期间，学校和相关企业都会安排老师来进行教学和指导。办学经费也有两种来源，学校教学和实践培训的费用分别由政府和企业承担。这种多元化的办学体系，充分吸收了企业的参与，学校和企业都是办学主体，挖掘了社会办学力量，提高了办学质量和就业质量。

二是职业教育学习安排的多样化。德国的教育体系中，小学四年，初中5~8年（包括主体中学是五年、实科中学六年、完全中学八年），中学毕业后有企业接收、自己愿意，就可以进入到中等职业教育的学习。中等职业教育毕业之后，如果想继续学习，可以工作2~3年后，参与高等职业教育（大学教育）的学习。通过基础教育的分流，德国约有1/3的学生通过双元制教育实现就业。同时，在职业培训和大学教育之间是互通的，使得相当一部分大学生（约15%）具有职业培训的经历。无论是学校教育安排上，还是学生自主接受职业教育看，这种人才培养"以就业为导向，以实用为目标"，按照企业的要求进行培养的模式，促进了教育体系和就业体系互通，也成为德国构建"学习型"社会的根本保障。

三是职业教育法制体系的规范化。德国先后颁布了《联邦职业教育法》《联邦职业教育促进法》《联邦职业教育保障法》等法律，在法律允许办学单位有充分的自主权，政府一般不干预办学过程，只出面协调解决一些疑难问题，为职业教育的实施提供法律保障和条件保障。同时，德国还下发了《职业培训条例》《框架教学大纲》等规范性文件，对学习内容、学习目标、教学组织、考核要求等做了规定，确保了职业教育的实施有据可依。通过法律建立起职业学校和企业双中心的职业教育办学体制，共同促使受教育者／学生在完成典型工作任务、经历完整的职业行动、构建相应的职业经验和知识的过程中，获得职业的新动能，促进了德国教育体系和就业体系的完美融合。

四是职业教育管理模式的现代化。德国职业教育有统一协调的法律体系，建立了对学校和企业有约束力的规章制度，明确了企业、学校、学生、职业教育的研究机构等利益相关者的权利和义务，学校和企业的合作在法律化和制度化的保障下运行。学校和企业在实施层面有相对的自主权，各管理主体在分工的基础上各司其职又密切协作，从而保证了"多元合作"的双元制职业教育模式的高效运行。目前，我国的职业教育模式采用的还是学校教育模式，行政管理的色彩浓厚，企业的功能比较弱化。在职业教育办学体制改革中，如何紧密结合办学体制改革的目标和进展，逐步建立健全相应的教育现代化管理模式非常重要。

三、基于德国双元制的本科生实践教育改进对策

当前，社会对各类人才的需求越来越注重在素质全面、实践能力强的应用型人才上，实践能力和创新精神越来越成为社会关注的核心问题。这就对高等教育特别是高校实践教学提出了一个明确的要求。实践教育是一个系统工程，国家鼓励高校发展转型，推进"双师型"教学改革，加强应用型人才培养，如何结合生产教学实践、科研服务实践、社会调研实践等内容，不断完善我校资源环境类专业大学生实践教学体系和教训内容，努力培养大学生实践能力和创新精神、培养大学生的专业素质和职业道德，具有非常积极的意义。德国的双元制职业教育模式重心在职业教育，但从人才培养方法、培养目标上看，对于本科实践教学依然有着非常重要的借鉴作用。从高校层面讲，结合江西农业大学本科实践教学的开展实际，以及前文分析的"四度四化"问题，应着力在制

度建设、体系建设、标准建设、协同创新等方面做进一步的完善。

一是要加强制度建设，提高保障力度。综合现在学校及实习单位的条件设备，与国外的相差不大，但实践教学的效果却差异明显。剖析其原因：国家宏观管理政策的制定，大都围绕高校宏观指导而言，在政策和财力上支持有限，缺乏对实习基地（企业）的具体要求。为此，学校要在国家宏观管理层面的基础上进一步细化实践教学工作制度，明确学院、师生、校内外基地的工作职责和义务，优化实践教学内容体系，加强实验室、实习基地的条件建设，加强"双师型"师资队伍建设，完善实践教学质量监控体系，强化实践教学的制度落实与过程管理，最终为实践教学改革提供强有力的制度保障。

二是要加强体系建设，注重顶层设计。目前的实践教学体系，更多注重校内教育，对校外实践、社会实践的要求和管理都比较薄弱，不利于大学生的全面发展。因此，应结合专业培养类型和特色，围绕实践育人中心工作，综合基本素质训练、专业基础训练、专业能力训练、综合素质训练等功能模块，着力构建针对性、系统性、全程性的实践教学体系。要加强与创新创业教育的衔接，以学生专业技能和就业创业能力培养为目标，因材施教、学以致用，通过内容安排、课程设计、方法创新等方面的融合，探索出一套符合学校专业特点和学生实际的综合性实践教学体系。

三是要加强标准建设，严格考核把关。实践教学考核的科学与否，直接关系到实践教学成效的好坏。所以制定科学的专业人才培养目标和实践教学大纲，细化具体的教学要求和考核标准，尤为重要。目前，我国高校的实践教学考核，还是由学校单方组织，以学生获得学分为考核结果，没有完全发挥实践教学的功能。学校应逐步构建由第三方参与的考核机制，融实践教学学分、实践培训结业证书、职业资格证书于一体，提高实践教学的"可信度"和"实用性"。通过引进职业资格认证和第三方考核机制，探索融"一分两书"的考核模式，制定出具体考核办法，鼓励教学单位和相关教师积极参加改革实践，全面培养和考查学生的操作技能、实践能力和综合素质，为大学生就业创业打下扎实的基础。

四是要加强创新协调，做好协同育人。实践育人是一项系统工程，需要学校各部门及校外相关单位的广泛、深入参与。从"三三三"实践教育模式看，各教学单位、团学部门、研究中心、实验室、校内外基地、学生社团等，都不同程度地承担着实践育人的任务，扮演着不可替代的角色。学校要充分挖掘校内外资源，推动校地、校企、校所深度合作，共建实践教学基地、共推产学研一体化，实现校内与校外实践教学有机结合、优势互补。进一步加强"双师型"实践教学师资队伍建设，各教学单位有计划地将教师派到企业进行培训学习，同时聘请企事业单位、科研机构技术人员进课堂、进实验室，讲授专业课和实验实习课，将新技术、新工艺、新设备等带入实践教学课堂，不断提高教师实践育人水平。

第九章　"一村一名大学生工程"培养模式

农业农村农民问题是关系国计民生的根本性问题，解决好"三农"问题是高等农业院校的政治任务和重要使命。近年来，江西农业大学始终坚守责任担当，主动对接国家和省委、省政府重大战略部署，认真履行高等教育职能，聚焦服务"三农"工作，以实际行动贯彻落实习近平总书记给全国涉农高校书记校长及专家代表的回信精神，牢记"以立德树人为根本，以强农兴农为己任"，培养更多知农爱农新型人才。自2012年起，主动承担"一村一名大学生工程"培养任务，用心用情用力，落实落细各项工作，为江西农村培养了一支"不走的扶贫工作队"和"永久牌"高素质农民队伍。8年来，累计培养学员17730人（其中专科10946人，本科6784人），基本实现了全省每个行政村都有一名农民大学生，毕业学员95%以上扎根在农村生产、管理一线，他们已经成为江西农村基层组织的顶梁柱、乡村振兴的领头雁、脱贫致富的新希望、现代农业的引领者，为江西乡村振兴战略、夯实农村基层党建、打赢脱贫攻坚战、生态文明建设，提供了坚实的人力资源基石。

一、总体思路

坚持以培养"懂农业、爱农村、爱农民"的"三农"工作队伍和"爱农业、懂技术、善经营"的新型职业农民为总要求，坚持将精准培养新型职业农民看作是服务江西"三农"发展、助力精准脱贫、助推农村基层党建、落实乡村振兴战略的重要举措，坚持以"不离乡土、不误农时、工学结合、因需施教、分段集中、统一培养"作为人才培养的基本思路，整合全校资源高位推动，探索推进"四四五二"的人才培养模式，打造新型职业农民培养的"江西样板"。"四四五二"人才培养模式具体如下：

（一）"四得"人才培养目标：学得好、用得上、留得住、带得动

学校按照"实际、实用、实效、实践"原则，确立人才培养目标，教学过程坚持"干什么、学什么"，"需什么、教什么"，"缺什么、补什么"，着眼实际、强调实用、注重实效、突出实践，科学制定课程专题清单，供学员点菜下单，打造"金课"，提供优质的教学供给，确保学员"学得好""用得上"。坚持"扶上马，送一程"，以农业产业为单位组织历届学员返校再培训，帮助学员学习最新知识，接受最新技术，掌握最新政策。目前，已经支持江西省94个县区成立农民大学生创新创业协会，基本实现全省县区全覆盖，引导协会会员发挥"扎根田野、聚合人才、创新创业、振兴乡村"作用，精准为学员创业提供服务，实行"一人一策"，确保"留得住""带得动"。

（二）"四则"人才培养特色："加、减、乘、除"四项法则

围绕江西农业产业发展重点、农村管理难点、知识需求热点，坚持"加减乘除"四项法则的人才培养特色。"加法"是根据需要不断地增加新知识、新内容，如增加乡村治理、农业生态、智慧农业、乡村旅游、农产品电子商务等课程；"减法"是对农民大学生实际应用不够紧密的课程进行大胆删除，如大学英语、语文、高数等课程设置为自学课程，对教学大纲中学员已经熟知的或已过时的知识进行及时的删减；"乘法"是注重实践教学，采用课堂教学与现场教学相结合的方式，改进教学方法，重视开展互动探讨、头脑风暴、产业沙龙等教学形式，使学员学习起到事半功倍的效果；"除法"是教学过程中，重视对学员原来在农业生产经营当中存在的一些误区和习惯性的错误方式，进行疏导、删除。

（三）"五精"人才培养举措：精设专业、精开课程、精选师资、精编教材、精建基地

适应乡村振兴战略对高层次人才的需求，与时俱进，精设专业，现在开设了农学、园艺、动物医学、食品科学与工程、公共事业管理、农林经济管理等6个专业；以学员需求为导向，构建"公共课+专业课+名师讲堂+创业课程"的课程设置体系，开辟乡村振兴大讲堂和创业论坛；建立最强师资库，将省内外"三农"领域知名专家、农业企业高管、创业先锋纳入师资库，精挑细选具有丰富实践经验的优质师资承担课程；坚持自主编写开发教材，按照人才培养目标和专业课程设置要求，目前已经编写了11部接地气、实用性强、符合江西和学员特点的专用教材；坚持面向生产实践，大力实施开放式、互动式教学，在校内、外共精建门类齐全的教学实训基地126个，确保教学质量和人才培养质量。

（四）"两延"终身服务理念：向创业一线延伸、向田间地头延伸

按照教育教学高质量、组织管理精细化、创业指导个性化的要求，为学员提供从入校到学成毕业、从毕业到返乡创业的全过程服务。坚持从学校课堂教育向创业一线延伸，从在校期间教育向毕业后服务延伸，织密服务学员创业网络，建立"有求必应、有难必解、有需必达"的终身跟踪服务体系。常态化组织专家走进田间地头和上门服务，开辟田间课堂。建立专家与学员"一对一"帮扶机制，遴选建立了10个专家服务站，达到"建设一个站点，带动一个产业"的目标。依托学校建设的安远蜜蜂、广昌白莲、上高水稻、修水宁红茶、彭泽虾蟹、赣州食用菌、井冈蜜柚等"科技小院"，为学员创业提供零距离、零时差、零费用的专家服务。坚持送信息、送技术、送服务、搭平台、解难题，组织"送教下乡""送学上门"，开辟田间课堂，搭建产学研用一体化科技服务平台。

二、开展情况

为推进高等教育向农村延伸，切实加强农村人才队伍建设，加快推进农业农村现代化，2011年江西省委省政府作出全面实施"一村一名大学生工程"的

重大决策。江西农业大学主动承担培养任务，2012年开始招收专科学员，2014年开始招收本科学员。8年来，学校落实落细党中央、国务院高度重视"三农"工作的各项要求，特别是全面贯彻落实习近平总书记对江西工作提出"新的希望、三个着力、四个坚持"的重要要求，把"坚持做好农业农民工作"作为"向总书记交上一份满意答卷"的实际行动，在省委省政府顶层设计和高位推动下，学校加大"一村一名大学生工程"的推进和建设力度，认真实施"政府出钱、大学出力、农民受益"的强农惠民工程，取得了良好的社会反响，备受群众好评，呈现出良好的发展态势。

（一）抓好招生源头确保精准选才：规模逐年扩大，生源不断优化

为了使各类农村人才能够成就"大学梦"，江西省委省政府把"一村一名大学生工程"列入全省重点民生工程，连续下发政策性文件，成立了工程领导小组，省直有关部门在政策引导、资金投入、项目实施、招生计划、表彰激励等方面给予充分支持，投入了很多人力物力财力，做了大量扎实细致的工作。江西农业大学通过逐级推荐审核和择优选拔，分阶段选送村"两委"班子成员5691名、"种、养、加"大户1824户、农业经济合作组织经营管理人员2553人、农业户籍的优秀青年2858人、乡镇农技站（所）在岗的专业技术人员266人、现从事农业生产经营的失地农民570人和在农村创业的返乡大中专毕业生119人7类人员，进入江西农业大学免费深造，为他们扬帆起航、助力梦想。

学校通过科学制定年度招生计划，逐年超额完成招生计划，实现了培养规模的逐步扩大。截至目前，江西农业大学共招收培养学员累计17730人（其中专科10946人，本科6784人），学成毕业学员6088名（其中专科学员4507名，本科学员1581名），基本实现了全省每个行政村都有一名农民大学生。

（二）抓好培养过程确保人才质量：四实原则、四项法则、点线面结合

"四实原则"，即：实际、实用、实效、实践。学校始终遵循"实际、实用、实效、实践"的要求，整合教学资源、开发实用课程、编写系列教材、增设实训基地，采取"不离乡土、不误农时、工学结合，因需施教、分段集中、统一培养"的教学模式，深受广大学员欢迎。

"四项法则"，即：加、减、乘、除。学校不断创新教学方法，采取"加、减、乘、除"四项法则，有针对性地开展培养培训工作。"加法"：增加了教学大纲以外的如农产品电子商务、农村土地流转确权、农产品食品安全、休闲观光农业等课程，使学员的理论知识水平得到大幅增长；"减法"：对学员已经熟知的或已过时的知识进行相应的删减；"乘法"：采用课堂教学与现场教学相结合的方式，使学员学习起到事半功倍的效果；"除法"：对学员原来在农业生产经营当中存在的一些误区和习惯性的错误方式进行疏导、删除。

点线面结合，即：学员、基地为点，学校与各基地、各乡村联系为线，学员、基地交织联系成面，优势互补、协同培养。采用"点、线、面"结合的教学方式，注重人才培养实效。"点"：联系当前农村工作重点，结合学员所在市县实际，与当地主导产业相吻合，紧紧围绕学员实际所需要的知识点开展教学；"线"：以"学校—乡村—基地"为联系纽带，充分考虑农业生产的季节性因素，理论实践相结合，分段开展教学；"面"：以丰富学员知识面为培养目的，提高学员的综合素质，加强学员创业联盟建设，促进基地优势互补，从学员知识面和工作覆盖面，全方位开展培养工作，保证培养质量。通过串点成线、以线带面，实现学历教育和职业技能提升的有机结合，传授农业实用技术和综合素质教育的双向提升，理论知识和实践能力的良性互动，通过以点带线、以线带面推广传播现代农业技术。

（三）抓好培养延伸做好跟踪服务：坚持全方位全过程育人

经过8年的精心组织实施，"一村一名大学生工程"已进入农民大学生培养和毕业学员使用全面发展的新阶段。学校始终坚持"四得"人才培养目标、"两延"终身服务理念，努力为江西广大乡村建设一支具有专业知识，学得好、留得住、用得上、带得动的素质高、技能强的农村实用人才队伍，努力实现人才培养从学校到乡村、从课堂教室向田间地头，向创业一线延伸、向田间地头延伸。帮助学员坚定对农业农村的发展信心，使学员看得到农业农村的美好未来，弄得懂美丽乡村建设的路径，搞得清农业发展的方向。江西是生机蓬勃、充满希望的热土，"三农"是大有可为、大有作为的事业，"一村一名大学生工程"同样大有可为、大有作为。

1.把"三农"问题作为主攻课题，帮助学员解决好"学得会"的问题。

学校遴选具有丰富实践经验的专家担任授课任务，坚持贴近农业生产实际、贴近农村事务管理、贴近农民致富增收等实际需求。学员毕业后，江西农业大学进一步在教育指导和技术帮扶方面加强服务，在全省帮助学员成立了分布到各县市纵向到底的"创业联盟"和横向到边的现代农业产业"行业协会"，搭建了毕业学员交流互动、学习互鉴的桥梁和纽带，为毕业学员创业开展具体指导与帮助，确保学员毕业后学习知识有载体、咨询技术有渠道、交流经验有平台。

2.把基层农村作为主攻战场，帮助学员解决好"留得住"的问题。

农村条件相对比较艰苦，特别是江西革命老区，贫困村要打赢脱贫攻坚战，实现与全国同步全面建成小康社会，最缺的是人才支撑和智力支持。随着学员陆续毕业返乡创业，江西农业大学把服务毕业学员就业创业作为应尽之责，加强组织领导、加大宣传力度、完善政策支持、强化服务保障，采取切实有效措施，努力为学员搭建创业干事平台，帮扶优秀学员在农村创业就业。学校成立了"新农村发展研究院""乡村振兴战略研究院"，建立与学员的对接机制，为他们扎根农村提供创业咨询、项目论证，鼓励学员创业抱团、整合资源，延长产业链。

3.把现代农业作为主攻方向，帮助学员解决好"用得上"的问题。

建设现代农业强省，加快农业产业发展升级、建设富裕美丽幸福江西，发展现代高效农业是必由之路。根据江西省农业产业特点、学员创业需求和"三农"发展需要，江西农业大学将科学研究与学员产业相结合，对接生产实际，解决实践难题，促进产学研结合，为毕业学员送信息、送技术、送服务、搭平台、解难题，努力打通农技推广的"最后一公里"，使广大学员在农村这块广阔天地利用所学的知识和技能，给农业插上科技的翅膀，加快构建适应高产、优质、高效、生态、安全农业发展要求的技术体系，实现江西"四化"同步发展。

4.把新型农民作为主攻职业，帮助学员解决好"带得动"的问题。

"一村一名大学生"工程，目的就是要立足江西农业大省的实际，培养新型职业农民，使他们能够真正发挥出"星火"效应，形成"扶持创业—树立典型—示范带动—带民致富"的良性循环，成为促进农村经济社会发展的主力军。江西农业大学加强了对毕业学员的创业指导和帮带，积极帮助成立"农民大学生创业联盟"，精心组织学员创业论坛，为学员搭建好"继续教育的学习平台、学员交流的沟通平台、师生研讨的互动平台、新技术新品种新政策的发布平台、农副产品电子商务的推广平台"五大平台，大力引导学员开拓乡村旅游新产业、发展农村电商新业态、探索一二三产业融合新模式，充分发挥示范引领和模范带头作用，带动村民共同致富，推动地区经济发展。

三、实施成效

习近平总书记视察江西时发表重要讲话，特别提出了"新的希望、三个着力、四个坚持"的重要要求，概括起来表现为"五个一"：一个样板、一个前列、一个地位、一个领跑、一个更大作为，即打造美丽中国的江西样板、在弘扬井冈山精神上走在前列、巩固粮食主产区地位、在脱贫攻坚上领跑、在特色产业发展上有更大作为。"一村一名大学生工程"无论是打造美丽江西还是巩固粮食主产区地位，无论是脱贫攻坚还是特色产业发展，都与总书记的殷切嘱托高度契合，与"五个一"的具体要求高度匹配。特别是经过江西农业大学的精心组织实施，"一村一名大学生工程"彰显出强大的生命力，逐渐成为新形势下江西省"三农"人才振兴的重要渠道，尤其毕业后的农民大学生扎根农村、服务农业，在农村这块广阔的天地大展宏图，成为了基层组织的"顶梁柱"、乡村振兴的"领头雁"、脱贫致富的"新希望"、现代农业的"传播者"，切合江西省情农情、顺应基层群众期盼、合乎乡村经济发展。

（一）基层组织的"顶梁柱"

基层党组织是农村脱贫攻坚的前沿阵地，是村民脱贫攻坚的"主心骨"。在学以致用的过程中，学员们带领一个个村庄走上了致富的道路，广大学员成为脱贫攻坚、乡村振兴的骨干力量。据不完全统计，江西农业大学"一村一名大学生工程"的学员中，54%为中共党员，共计9460人；55%为村两委干部，村支书、村主任有2976人，其他两委班子成员6664人。他们经过系统教育培养后，奋斗在脱贫攻坚、乡村振兴第一线，成为基层党组织的"顶梁柱"，不仅将所学知识技能运用到生产生活和农村社会管理中，而且带领村民创业致富、增产增收。学员在乡村基层组织建设中发挥了重要作用，成为解决"村由谁来建、群众由谁来带"问题的骨干力量。

（二）乡村振兴的"领头雁"

乡村要振兴，人才是关键。培养一支"懂农业、爱农村、爱农民"的"三农"工作队伍，培养"爱农业、懂技术、善经营"的新时代新型职业农民，成为实施乡村振兴战略这个"三农"工作总抓手的关键。学校通过实施"一村一名大学生工程"，已经培养了10882名"一村一大"毕业生，他们遍布赣鄱大地的每个角落，扎根农村的10352人，达95.1%。其中，147人进入乡镇领导班子或招录为公务员或转为事业编，24人获得国家级荣誉，89人获得省级荣誉，942人获县级以上荣誉。毕业学员95%以上扎根农村，成为农村一支"不走的扶贫工作队"，为江西农村基层党建和精准脱贫提供了扎实的人才保障，有力地解决了"地由谁来种、村由谁来建、群众由谁来带"的问题，培养了一支江西"美丽乡村"建设的骨干力量。

（三）脱贫致富的"新希望"

据不完全统计，江西农业大学"一村一名大学生工程"所有的学员中，致富带头人有6524人，46%的学员发展了自己的农业产业，领办专业合作社2168个。这些学员奋战在精准脱贫的最前沿，联系带动贫困户14533户，涌现出了一大批产业从无到有、从小到大、由弱到强的学员优秀典型。他们以发展乡村特色产业为创业突破口，在农村田园大展作为，并在创业中依托"农民大学生创业联盟"抱团发展，利用互联网升级产业，辐射带动村民共同致富，极大地推动了当地农村经济发展。2015年12月31日，以江西农业大学倡导的全省第一个"农民大学生创业联盟"在广丰区成立，该联盟现有167名会员，均为江西农业大学"一村一大"学员。会员们创办的农民合作社、家庭农场、农村电商、加工企业有52家，带动了1220户农户增收致富，解决了当地劳动力1676人。目前，这样的以"一村一大"学员为主体的"农民大学生创业联盟"在全省共有15家。

（四）现代农业的"传播者"

推进农业现代化，人才是兴业之本。江西农业大学承担"一村一名大学生工程"，造就了一批"有文化、守法纪、懂技术、会经营、善管理"的新型职业农民，有效缓解了农村人力资本不足的现象，突出解决了农村社会化服务体系不完善的困境，极大化解了农村基层组织建设与高素质人员不足的矛盾，是破解农业供给侧结构性矛盾的重要抓手。学员中涌现了许多传播现代农业的优秀典型。峡江县的普通农村妇女石玉莲，在经历创业路上的一次次失败之后，2013年她走进了大学校门进行深造，通过不断的学习、凭借其永不言败的意志，搭上现代农业发展时代的快车，个人成功实现科技种田120公顷，创办生态家庭农场，年收入达百万元，走上致富之路。2013年她组建了金坪优质水稻专业合作社，通过结对帮扶，科技上门，实现农民增产增收，36户贫困户脱贫致富。2016年被评为峡江县"五星"级中共党员，吉安市优秀共产党员，2017年评为吉安好人，全国农业劳动模范，2018年被农业农村部列入"全国百名杰出新型职业农民资助人选"。

四、社会评价

"一村一名大学生工程"项目经过8年的组织实施，基本达到了基层群众满意、学员广泛受益、领导充分肯定、媒体广泛关注的工作目标，已经成为江西省新型职业农民培养的主渠道，被誉为新型职业农民培养"江西样板"。目前，培训学员遍布赣鄱大地的每一个角落，发挥了"星火"效应，呈现了燎原之势，起到了"点燃一盏灯，照亮一大片"的作用，为乡村人才振兴发挥了重要的支撑作用。

（一）"一村一大"人才培养成效得到社会认可

"一村一名大学生工程"实施以来，坚持学中和学后双向发力，面授期间和返回家乡紧密衔接，把创业服务延伸到田间地头，把实用技术送到家门，对毕业生提供"终身跟踪服务"，确保个个有创业项目，人人有创业目标，培养的毕业生遍布赣鄱大地和山林峡谷，95.1%的毕业生扎根农村，成为各地乡村人才的骨干力量；42.3%的学员有了自己的农业产业，成为现代农业发展的有生力量；59.9%的学员成为村两委班子成员，37.3%的学员成为致富带头人，成为乡村振兴的重要推手。这些都充分证明，"一村一名大学生工程"培养出来的学员有着良好的发展空间、承担着乡村发展的重大责任，得到了社会各界的广泛认可。

（二）"一村一大"人才培养模式得到推广应用

"一村一名大学生工程"实施以来，因其接地气、见成效、受欢迎，得到了广泛推介和应用推广。在2017华东地区高校继续教育协作会和2018年全国农林水高校年会上，江西农业大学就"一村一名大学生"人才培养工程作典型交流发言。吉林农业大学组队专程来我校调研，借鉴"一村一名大学生"人才培养工程经验和做法，并向吉林省委提交借鉴的建议；中国农业大学相关领导对我校工程的实施情况进行深入调研，认为有特色有成果值得推广；安徽农业大学借鉴我校培养的经验，在其原有基础上着手研究发展提升"一村一名大学生"培养计划；浙江农林大学通过学习借鉴，建议省委省政府成立了浙江省农民大学，并开始招生；沈阳农业大学通过学习，实施了"青年农民上大学"项目等。

（三）"一村一大"人才培养工作得到官方肯定

"一村一名大学生工程"实施以来，取得了良好成效，得到了各级官方和管理部门的肯定。中央政治局常委、全国政协主席汪洋同志给予肯定和批示，中央农村工作领导小组原副组长袁纯清在视察我校引导成立的学员创业联盟时对工程给予了高度评价，原任江西省委书记鹿心社、江西省政协主席姚增科、原任省委组织部部长赵爱明等省领导对这项工作先后给予了肯定和批示。2018年年初"'一村一名大学生工程'项目"被列入省委常委会会议议题，确定为我省实施乡村振兴战略的人才培养重要抓手。借助于官方的肯定和社会的认可，"一村一名大学生工程"也得到了更加长足的发展。2019年3月农业农村部专门到我校调研"一村一名大学生工程"，对我校形成的办学模式、经验和成效给予了高度肯定，认为我省乡村振兴人才培养走在了全国前列，形成了"江西品牌"，对全国的新型职业农民培养具有借鉴意义。农业农村部、教育部出台了《关于做好高职扩招培养高素质农民有关工作的通知》，启动了"百万高素质农民学历提升行动计划"，将"江西经验"向全国推广。

（四）"一村一大"人才培养项目得到广泛报道

"一村一名大学生工程"实施8年来，成效得到了中央农办、农业农村部的充分肯定，《中央电视台新闻联播》《人民日报》《农民日报》等主流媒体对项目的实施进行了深度报道，新华通讯社《国内动态清样》、中央农村工作领导小组办公室《农村要情》、江西省委《党建好声音》等内参对"一村一大"做了专题推介，《江西日报》、江西卫视新闻联播、江西广播电视台、新华网、手机人民网、江西党建微平台等60余家媒体对项目的实施情况进行了广泛宣传。据不完全统计，2018年1月26日《央视新闻联播》以"培育农村人才、助力乡村振兴"为题、2018年5月28日《人民日报》以《"一村一名大学生"助力乡村振兴》为题、2018年1月25日《农民日报》以《江西"一村一名大学生工程"5年培养农民大学生4万余名》为题进行了专题报道。2018年2月19日新华通讯社《国内动态清样》（第681期机密件）以《江西一村一名大学生工程助力乡村振兴》为题、2016年5月13日《农村要情》（中央农村工作领导小组办公室）以《江西精准培育农村人才的有效探索——"江西省一村一名大学生工程"的主要做法》为题、2017年12月7日江西省委《党建好声音》（第18期）以《乡村振兴的"领头雁"怎样炼成——江西农业大学"一村一名大学生工程"的启示》为题进行了专题推介。2018年6月下旬，中央电视台《中国农村改革40年》摄制组对学校实施"一村一名大学生工程"进行拍摄采访，推选的25名优秀创业学员连续在信息日报和凤凰网上进行"一村一名大学生工程"创业先锋宣传报道，其中6名学员荣获"江西省'一村一名大学生工程'十佳创新创业先锋"荣誉称号。

五、发展对策

党的十九大报告提出，要实施乡村振兴战略，培育新型农业经营主体，培养造就一支懂农业、爱农村、爱农民的"三农"工作队伍。当前，我国正处在全面建成小康社会决胜阶段，江西农业大学将自觉肩负起为实施乡村振兴战略服务的崇高使命，立足自身优势，找准发力点，为助推全面建成小康社会，建设富裕美丽幸福江西贡献智慧和力量。新时代有新要求。站在新的起点，学校将进一步总结办学特色和经验启示，贯彻落实习近平总书记的"回信精神"，"以立德树人为根本，以强农兴农为己任"，推进新农科建设，落实"安吉共识""北大仓行动"和"北京指南"，培育更多知农爱农新型人才。新时代学校将继续以为党育人、为国育才的责任担当，以热忱、全面服务"三农"的政治情怀，按照精设专业、精开课程、精编教材、精建基地、精心管理的"五精"思路，推动工程在教学质量、创业服务、日常管理上的发展升级，打造工程的2.0升级版。聚焦江西乡村振兴实践需要、聚焦九大农业产业体系，坚持在教学质量和创业服务两端双向发力，为学员提供精准教学供给，以学员需求为导向，为学员创业提供"终身跟踪服务"，实现"教学精准化、管理精细化、服务全程化、指导个性化"，进一步做强做优做大这一"江西品牌""江西经验""江西样板"。

（一）主动追求，在深化乡村人才振兴中展现新作为

农业出路在现代化，农业现代化关键在科技进步和人才支撑。"一村一名大学生工程"是培养基层一线新型职业农民的重大工程，是顺应乡村人才需求的民生工程。江西农业大学愿意以强烈服务"三农"的责任担当，以热忱服务"三农"的政治情怀，推动"一村一大工程"发展升级，把工程办成为推动"三农"事业发展提供源源不断人才资源的大学校，把工程办成强化农村基层组织的助推器，把工程办成农村青年接受大学教育的主渠道。

（二）落实要求，在策应乡村振兴战略中体现新担当

乡村振兴战略是解决"三农"问题、全面激活农村发展新活力的重大行动。振兴乡村，就是要使农业强大、农村美丽、农民富裕，真正实现产业兴旺、生态宜居、乡风和谐、治理高效、生活富裕的目标。江西农业大学将深入贯彻落实乡村振兴战略，按照省委"创新引领、绿色崛起、担当实干、兴赣富民"的工作方针，不负时代，不辱使命，把脱贫攻坚、全面小康作为振兴乡村

的重要抓手，为加快全省农业农村发展提供坚实的智力支持和人才保障。

（三）贴近需求，在支撑现代农业发展中把握新态势

乡村振兴战略必须坚持农业农村优先发展，全面实现农业、农民、农村现代化。江西农业大学将遵循培育农村人才的规律，按照着眼实际、强调实用、注重实效的原则，把"一村一名大学生工程"的人才培养目标，与农业农村发展和个人素质提升紧密结合，进一步完善教学计划，优化学科设置，创新培养方式，重点培养农村致富带头人、村两委班子成员、农业龙头企业负责人，进一步提升农村人才的综合素质。

（四）回应诉求，在培养新型职业农民中实现新成效

"一村一名大学生工程"已经进入大学生的培养和使用并行的新阶段，江西农业大学将进一步落实"两延伸"终身服务理念，为实施乡村振兴战略培养更多高层次高质量乡村技能人才，为学员创新创业提供更及时更到位的指导与帮助。学校将加快推动实施"农业专业硕士研究生专项培养计划"，推动更高层次的新型职业农民培养格局；加强对"一村一大"学员的继续教育，坚持多措并举、实施跟踪服务，充分发挥学员的创新创业的示范效应。

第十章　科技下乡人才下沉助力乡村振兴

江西农业大学科技人员始终坚持"把论文写在大地上，把成果留在百姓家"。学校以科技创新为支撑，围绕解决贫困群众实际问题，瞄准地方特色产业发力，为精准扶贫插上"智慧翅膀"，走出了一条"人才培养+教育扶贫"的新思路，整合全校科技资源，积极推进"校地、校企、校所、校社、校村"的深度合作，探索出了一条以大学为主体，农科教相结合、产学研政用一体化的"科技服务+精准扶贫"的"6161"特色扶贫模式，使得科技成果得到应用推广、惠及贫困群众、服务地区发展，为我省脱贫攻坚提质增速。学校积极推进"科技下乡、人才下沉"工作，结合常年的科技下乡活动，加快了农家科技小院建设，并努力创新科技小院运行模式和运行机制，借助科技小院做好专业学位硕士的培养，解决农业生产中"卡脖子"的关键技术，破解农业科技研发应用"最后一公里"的问题，更高层次、更接地气地服务乡村人才振兴。

一、科技特派团（员）行动

不管自己有多忙，不管是节假日还是风雨天，只要群众有农业技术需求，江西农业大学科技特派团成员总是第一时间赶到帮助解决难题。他们秉持初心，把教学课堂设在田间地头，把论文写在赣鄱大地上，带领农民脱贫致富；他们是党的"三农"政策的宣传队、农业科技的传播者、科技创新创业的领头羊、乡村脱贫致富的带头人，为打赢脱贫攻坚战，推进农业农村现代化提供了重要的科技支撑。参考2020年《第二届乡村振兴暨脱贫攻坚典型案例交流会：江西农业大学秉持初心，全心全意为"三农"服务》，简单归纳如下：

（一）建立一支稳定科技服务队伍，创新"产业扶贫"新模式

江西农业大学以江西省科技厅组织实施的科技特派团富民强县工程为契机，出台了科技特派员管理办法，建立了科技特派团和特派员专家的科技服务与精准扶贫相结合的"江西农大科技特派团6161科技扶贫模式"。即："一个科技特派团，服务一个产业，建好一个示范基地，培育一批乡土人才，协同解决一个关键技术，带动一方群众脱贫致富"；"一个科技特派员、蹲点一个村、对接一个企业、推广一批实用技术、上好一堂培训课、带领一些贫困户脱贫"。同时，借助互联网信息技术，与江西省农民致富函授大学合作共建"掌上农技"（农技信息服务）和科技服务公众号及各服务团的微信群，实现专家服务团线上线下开展农技推广与咨询服务。

截至2019年12月，江西农业大学共选派4批次共231位专家教师担任科技特派员，在全省11个地市90多个县（市、区）开展多种形式的科技服务和精准扶贫工作，与450多个农业龙头企业建立了科技合作关系，建立各类示范基地76个，示范基地总面积超过8000公顷，年度培训新型职业农民15200余名、推广和解决关键技术590余项、引进新品种390余个、帮助指导贫困农户2600余户，有力地推动了江西省各地方农林主导产业和特色扶贫产业的发展。特别是在产业精准扶贫方面，学校组建了一支由200名博士或讲师以上职称的专家组成的科技特派服务团，围绕江西"水稻、生猪、油茶、黄鸡、脐橙、弥猴桃、水产、蔬菜、南酸枣、休闲农业"十大特色优势产业，建成了一批具有地方特色、富有产业前景的各类特色产业示范基地，在全省90余个县（市）开展农业技术推广与精准扶贫工作，打通了科技成果转化推广的"最后一公里"，助推江西省贫困县特色产业升级发展和脱贫致富成效显著。

江西农业大学重点打造了契约式、组团式、协同式"三式合一"与特色产业示范基地、科技驿站、组团式产业扶贫、农村创新创业人才培养、咨询服务"五位一体"科技服务新模式，建设以高校为主体的"科技驿站"，高等院校、地方政府和专业合作社三方紧密协同，扎实开展科技扶贫产业脱贫工作。

（二）建立一批特色产业示范基地，破解科技服务"最后一公里"

乡村振兴发展，需要产业作为支撑。江西农业大学依托登记在册专家科技特派员，在全省各地累计建设了76个特色产业示范基地，涉及江西优质水稻、生猪、油茶、休闲农业等10大优势产业，示范基地面积超过8000公顷。包括10个综合服务示范基地、48个特色产业示范基地、11个分布式服务站；在重点贫困县井冈山市等地与企业合作建设了3个"博士农场"。通过"示范基地"连接"一般贫困户"，把贫困户生产纳入到示范基地的优势产业链上来，将"一般贫困户"打造为"农村专业户"，带领地方群众脱贫致富。探索建立了一套"产业+特色示范基地+贫困户"的扶贫模式，焕发出乡村发展的生机与活力，以科技引领布局乡村未来发展之路。

科技特派员下乡，为乡村带来了活力。江西农业大学专家科技特派员在首席专家的带领下，在全省各地开展产业技术服务和科技精准扶贫工作，建立了科技成果转化的直接渠道，融化了技术推广应用的"最后一公里"，引领江西现代农业发展，助推贫困山区农林支柱产业发展，为江西省现代农业发展和科技精准扶贫提供了强大科技支撑。学校成立扶贫工作队，为各地认真制定精准扶贫实施方案，组织了农业、林业、畜牧业、农林经济等领域的相关专家实地"问诊把脉"，全面分析地方产业基础和自然资源特点，因地制宜发展特色农业产业。例如：江西农业大学南酸枣科技团队，坚持"围绕产业发展升级，做实做细做精应用科技"，与崇义县南酸枣产业协会、江西齐云山食品有限公司、崇义县绿之蓝林业公司等成立了全国首个南酸枣产业协会，举办技术培训班20余期，培训林农3000余人次。目前，全县乡乡镇镇、村村组组已形成了"只要有空地就种植南酸枣"的山区农民脱贫致富的新气象，增强了贫困户的自我发展能力和"造血"功能，切实增加了贫困户收入。

（三）建立一个高效协同创新机制，服务农业农村高质量发展

江西农业大学秉承"形式与内容"两手抓和科技合作实效第一的原则，大力推进"综合服务示范基地、特色产业示范基地、分布式服务站"三类基地和科技精准扶贫"博士农场"的实质性共建工作，与江西各地方政府、龙头企业、专业合作社等签订协议共建的各类基地有76个，与各类基地企业等新型经

营主体共同实施科技应用项目89项，涉及经费超过2000万元，与省级以上农业科技园区结盟共建基地10个，有力地推动了当地农林主导产业和特色扶贫产业的高质量发展。例如：为策应国家科技部江西扶贫团的工作，江西农业大学和江西省科技厅一起，分别在井冈山市、永新县两地设立科技精准扶贫的跨专业协同服务的现代农业科技特派团。在两地的科技扶贫工作推进中，由学校牵头分别成立了"井冈山博士农场"和"永新博士农场"。目前，"井冈山博士农场"获得50万元省科技厅重大项目资助，获批成立了野生水稻研究所，加强了水稻种植基础性研究服务农业高效发展；永新科技特派团指导的"食用菌项目"和"荷鱼共生"项目实施取得成功。

2020年年初突发新冠疫情，对农业生产带来极大影响。江西农业大学积极组织科技特派团投入抗疫情、促生产会战中，一方面组织抗疫情志愿者奔赴江西各贫困县生产一线开展技术指导与服务，参加"江西省抗疫情促创新科技成果在线对接会"；另一方面积极组织全校科技专家撰写《"新冠肺炎疫情"防控期间农业生产技术》，挂在江西抗疫防疫公益平台上，服务覆盖全省11个地市的所有县市区，受益的种养加企业和农户累计超过10万户，公开出版《农业技术手册——新冠肺炎防控期间应急措施》9000余册，免费赠送给全省11个地市100个县（市、区）的农业企业和农户，为疫情防控下的农业生产提供了科技保障和智力支撑。

农业农村发展不仅依赖自然科学技术的创新与应用支撑，同时也需要人文社会科学的宏观指导和决策支持。江西农业大学积极开展农业农村现代化建设与乡村振兴咨询决策研究，由学校新农村发展研究院承办的《调查与研究》内刊，共发表乡村振兴、产业扶贫等决策咨询报告60余期，其中20余份咨询报告获得江西省主要领导和分管领导批示，并被有关部门和企业所采纳应用，取得了积极成效。

二、农业科技小院建设

为更好履行强农兴农使命，培养更多知农爱农新型人才。2019年以来，江西农业大学以抓好科技小院建设为重要依托，在中国农村专业技术协会的支持与指导下，建成江西安远蜜蜂科技小院、江西广昌白莲科技小院、江西上高水稻科技小院、江西修水宁红茶科技小院、江西彭泽虾蟹科技小院、江西赣州食用菌科技小院、江西井冈蜜柚科技小院7个科技小院。通过科技小院平台开展工作，有效克服新冠肺炎疫情、特大洪水灾情等不利影响，充分发挥教育、科技、人才资源优势，为促进全省各地经济社会发展，特别是为农业企业复工复产，稳定"米袋子""菜篮子""果盘子"作出重大贡献，同时为学校人才培育探索新模式提供新方案。2020年10月，中国农村专业技术协会公布了"2020年选树农技协十佳行动"结果，由我校牵头建设的中国农技协江西井冈蜜柚科技小院、江西彭泽虾蟹科技小院荣获"十佳中国农技协科技小院"称号。

（一）组织建设坚强有力

规范管理，制度先行。着眼于标准化建设、常态化运行、科学化管理的目标，对照中国农技协标准、结合省情校情，江西农业大制定出台了《江西省科技小院联盟管理办法（试行）》等相关制度，为上高水稻、井冈蜜柚、安远蜜蜂、彭泽虾蟹、广昌白莲、修水宁红茶、赣州食用菌7个科技小院加强自身建设奠定坚实基础。科技小院师生坚定信心、坚守阵地、坚持努力，对办公室进行精心布置，做到管理制度上墙、工作职责上墙、科普知识上墙，成为当地科技人员交流学习先进技术、了解我校农业科技创新水平的重要窗口。同时，学校大力支持各科技小院工作，为科技小院专设招收研究生的指标，提供省（校）级专项课题研究经费，配设夏冬季节专用工作服，塑造"党建+科技小院"特色组织文化。通过加强组织领导，激发驻院师生的积极性主动性创造性，深入开展精准科技推广和科普服务，积极推动农业产业发展，服务科技经济深度融合，让科技小院真正成为长期驻扎在人民群众身边，不会走的知识殿堂。

（二）科技服务精准高效

农业的根本出路在科技，科技小院的创设强化了农业科技供给，提升了农业农村现代化水平，提高了农产品竞争力。江西农业大学认真组织师生入驻7个科技小院，要求师生始终扎根在农业生产一线，农业企业产业发展中遭遇了瓶颈问题，科技人员能够集中攻关、及时化解；农民朋友农业生产中碰见了难题，科技人员就能及时现身解决，"零距离、零时差、零门槛、零费用"的技术展示、技术服务、技术培训，精准解决了我省农业发展创新不足、技术含量低的短板，打通了农业科技服务的"最后一公里"。

一年来，科技小院科技服务干货满满、硕果累累。上高水稻科技小院师生深入上高县、进贤县、丰城市、崇仁县等地精准指导水稻种植，开展优质稻"两优一增"壮秆保优标准化栽培技术和双季稻全程机械化生产关键技术等技术培训和田间指导5次，培训农户和农技人员250余人，增加了全省早稻收获面积并稳定秋季作物的种植面积。广昌白莲科技小院师生先后赴广昌、石城和吉安等地开展技术指导讲座3次，培训人员200余人，进行田间指导4场，分离白莲病菌12株，切实解决莲农田间水肥管理和病虫害防治问题。修水宁红茶科技小院师生联合九江修水茶科所专家分赴修水县7个乡镇开展中国农村科技需求调查，推进当地优选茶树90余株、科学规划茶树栽植基地2个。彭泽虾蟹科技小院师生深入彭泽、湖口、德安等县市开展田间指导，在九江市彭泽县姚友义稻虾田开展小龙虾发酵饲料投喂及土壤改良试验，效果非常理想，有效提高了小龙虾的产量、改善了品质。安远蜜蜂科技小院师生深入安远县全域18个乡镇、石城县部分乡镇开展养蜂饲养调研及技术帮扶服务，推广"中蜂免移虫育王生产器"在近300群蜜蜂中得到应用。井冈蜜柚科技小院师生与当地100余位柚农建立了微信平台"江西井冈蜜柚种植技术交流群"，为柚农们提供在线服务；组建博士、硕士在内共计25人的服务团队赴井冈蜜柚主产区开展产业发展现状调研，引起当地积极反响。赣州食用菌科技小院师生先后赴赣州章贡区、宁都、抚州乐安及吉安等地指导生产，多次举办食用菌技术培训班，培训当地菇农200余人次。

（三）人才培养成效明显

科技小院打破以往校企校地合作形式，创设独立办公场所、人员长期驻守的模式，更好引导广大科研人员将论文写在大地上，拿出更多的科技成果助力农业生产。入驻学生在实践过程中，既要将课堂里学到的知识运用到生产实践中，也要学会撰写工作日志、调研报告，培育了创新思维、丰富了知识体系、增强了劳动能力；同时，驻院学生在实践过程中也真切体会到了我们国家农业农村发展水平，进而激发出对科学知识的渴望、对创新创造的渴求、对奉献社会的担当，真正成长为德智体美劳全面发展的社会主义合格建设者。科技小院一头连着高等学府，一头连着田间地头，将专家教授与农民朋友紧紧联系在一起，让农业插上科技的翅膀有了更多可能。据不完全统计，近1年来，7个科技小院共入驻学生35人，撰写日志634篇，累计入驻天数1060天，解决农业产业中技术问题37个，开展入户调查85次，开展技术培训40余场近4000余人，撰写调研报告21篇，发表学术论文5篇，取得了良好的建设成效。以科技小院为平台，入驻学生与农民朋友"同吃、同住、同劳动"，在田间地头完成学业的同时，增强了"三农"情怀，自我塑造成为懂农业、爱农民、爱农村的新型人才。

（四）社会影响广泛深入

履行社会服务是高校的重要职能之一。1年来，在科技小院的统筹谋划、挂牌成立、管理运行过程中，江西农业大学领导高度重视，精心指导小院建设的全过程；科技部门工作人员认真履职尽责、勇于担当、积极作为，甘当"勤务员""宣传员""店小二"角色，协调各层级关系、提供各类资源，全力支撑科技小院高质量发展，助力将科技小院打造成学校服务地方经济社会发展的又一响亮的品牌；7个小院负责人与驻院的师生们始终秉持科技创新"顶天立地，服务三农"的实践和追求，不讲条件、不讲待遇、不求回报，与基层农业科技人员想在一起、干在一起，真心实意为农业产业发展献计出力，严谨的态度、务实的作风、无私的品格，深受当地政府认可、人民群众赞扬，得到人民日报、人民网、学习强国、凤凰江西、中国江西网、大江网、江西教育电视台等多家主流媒体的报道，有力提升了学校人才培养助力乡村振兴战略的办学影响力。

第四部分　服务乡村人才振兴发展展望

第十一章　加快培养农林卓越人才，精准服务乡村振兴战略

卓越农林人才教育培养计划是在传统农业教育大背景下，要求高校改变原有教育观念，从人才培养的目标定位、课程体系建设、教学方法方式和教学管理模式等方面，改变农林专业传统培养模式，解决高校大学生缺乏农林事业热情、创新精神意识不足、实践动手能力差等问题，而开展的改革试点项目，包括拔尖创新型、复合应用型、实用技能型3类人才培养模式改革。2014年4月教育部下发《关于开展首批卓越农林人才教育培养计划改革试点项目申报工作的通知》（教高厅函〔2014〕13号），正式启动卓越农林人才计划项目。江西农业大学共有6个专业入选教育部卓越农林人才教育培养方案改革试点项目，另有4个入选省级卓越农林人才教育培养计划、3个专业入选省级卓越工程师教育培养计划，实施5年来，学校在农林人才培养的目标定位、课程体系建设、教学方法方式和教学管理模式等方面，改变农林专业传统培养模式，不断创新实践，提高了农林人才培养质量，取得了可喜的成效。为深入贯彻习近平新时代中国特色社会主义思想，全面贯彻《中共中央、国务院关于实施乡村振兴战略的意见》，全面落实《教育部关于加快建设高水平本科教育，全面提高人才培养能力的意见》，2018年9月，由教育部、农业农村部、国家林业和草原局联合下发了《关于加强农科教结合实施卓越农林人才教育培养计划2.0的意见》，全面启动了实施卓越农林人才教育培养计划2.0。这必将为多层次、多类型、多样化的中国特色高等农林教育人才培养体系的全面建立提供更多、更好的契机。新时代、新农科、新方向，中国特色农业农村现代化建设面临许多

新机遇和新挑战，农林卓越人才和新型职业农民是推动创新驱动和促进乡村振兴的关键因素，农业高校应当有更加积极的作为和更加有力的担当。以新农科建设和实施卓越农林人才教育培养计划2.0为背景，江西农业大学结合习近平"三农"思想和全国教育大会上习近平重要讲话精神，坚持以立德树人为根本、以强农兴农为己任，根据自身学科专业实际和江西乡村振兴对人才的需求，提出了"加快培养农林卓越人才，精准服务乡村振兴战略"的4点战略思考。

一、全国教育大会对高校人才培养有了新要求

全国教育大会标志着中国教育进入了现代化建设的新阶段，开启了加快教育现代化的新征程。习近平总书记在教育大会上强调：教育是国之大计、党之大计。要在坚定理想信念、厚植爱国主义情怀、加强品德修养、增长知识见识、培养奋斗精神、增强综合素质六个方面下功夫。以凝聚人心、完善人格、开发人力、培育人才、造福人民为工作目标，培养德智体美劳全面发展的社会主义建设者和接班人。这为推进新时代高等教育改革发展指明了方向、提供了强大思想武器和行动指南。

方向正则教育兴。围绕培养什么人、怎样培养人、为谁培养人这一根本问题，要立足基本国情和省情、遵循教育规律、坚持改革创新。一要牢牢把握新时代人才培养的方向要求，把理想信念教育落到实处；二要牢牢把握新时代人才培养的目标要求，把构建更加全面的教育体系落到实处；三要牢牢把握新时代人才培养的任务要求，把形成更高水平的人才培养体系落到实处；四要牢牢把握新时代人才培养的改革要求，把建立科学的评价体系落到实处；五要牢牢把握新时代人才培养的社会需求，把提升服务经济社会发展能力落到实处；六要牢牢把握新时代中国特色社会主义教育理论体系的科学内涵，把研究、探索新时代人才培养规律落到实处。

江西农业大学始终坚持育人为本、立德树人。建校110多年来，学校始终坚守"厚德博学，抱朴守真"的治学精神，继承发扬"扎根基层、创新实践、学以致用"的办学经验，积淀了深厚的学术底蕴和精神文化。从"江西农学院"到"共大"再到"江西农业大学"，学校继承和发扬"教""育"并重思

想，强调"优""效"教学，"量""质"协进，追求人才培养优质长效、终身发展。特别是新中国成立70年来不断探索教育改革模式提高人才培养质量：一是坚持因地制宜，创新实践；二是坚持因需施教，学以致用；三是坚持立德树人，扎根基层。目前，学校已经形成猪、稻、牛、果、树等人才培养特色和优势，培养各类毕业生30多万人，形成了"一村一名大学生"农业人才培养模式和品牌，打造了新型职业农民培养的"江西样板"。在基层就业的导向下，学校培育的大批优秀毕业生走向了农业生产第一线，成为了生产、经营、管理和农业技术推广等领域的骨干力量和领导干部，为农业农村社会经济发展贡献才智。这次全国教育大会旗帜鲜明地提出"培养什么人是教育的首要问题"，人才培养工作要注重"六个下功夫"，明确了新时代人才培养的基本素质和精神状态，明确了新时代人才培养工作的行动指南。今后，学校将进一步围绕人才培养的工作目标和根本任务，不断推进教育现代化，努力写好"奋进之笔"，实现新时代高校人才培养新作为、新贡献。

二、乡村振兴战略对乡村人才振兴有了新需求

乡村振兴关键在人才。习总书记明确要求，要打造一支强大的乡村振兴人才队伍，在乡村形成人才、土地、资金、产业汇聚的良性循环。这支队伍在绿色的田野上耕耘现代化农业，推动乡村的产业振兴；这支队伍以赤诚之情挖掘和延续乡村的根脉，寻找乡村中国的内生动力；这支队伍秉承绿水青山就是金山银山的理念，在保留原始风貌基础上扮靓农村，让居民望得见山、看得见水、记得住乡愁；这支队伍以激扬清浊的勇气教化育人，培育文明乡风、良好家风、淳朴民风，焕发乡村文明新气象。让广大农村有能力守住好山水、过上好日子。

乡村振兴人才是基础支撑。人来了，乡村才有希望！无论是基层干部、老农民、新型农业经营主体、大学生村官、新乡贤，还是返乡青年、下乡市民、回乡企业家、志愿者，一支多元互补的"懂农业、爱农村、爱农民"的人才队伍，是乡村振兴的关键之所在。推动农村经济社会发展，说到底最终要靠"人"，特别是各类有能力的"专业人才"。包括：以新型职业农民为主体的

农村实用人才队伍；积极宣传和推广现代农业技术的专业技术人才队伍；志愿深入基层扎根农村的各类高校毕业人才；掌握了新知识新技能的各类返乡下乡创业创新人才队伍。新时代新农村新篇章，就是要让人才振兴引领乡村振兴。

进入新时代，江西农业大学紧跟时代步伐，紧扣国家战略、区域发展及农业现代化发展的重大需求，通过凝练专业优势和自身特色，在多年实践探索积累的基础上，构建了层次分明、布局合理、特色鲜明的"三理念+三平台+三举措"的乡村人才培养体系。即：继承发扬新型职业农民培养创新实践、扎根基层、学以致用"三理念"；建立健全新型职业农民培养研发平台、实训平台、智库平台"三平台"；抓好抓实新型职业农民培养人才培养、科技服务、智力帮扶"三举措"。学校着力在精准培养新型职业农民上下功夫，不断创新实践培养模式，使之更有特色、更上档次、更有成效，在服务江西乡村振兴战略和新型职业农民培育中写下了浓重的一笔。特别是通过实施"一村一名大学生工程"，探索形成了一条具有农大特色的、符合新时代农业农村发展需求的新型职业农民培养新模式，助力乡村人才振兴，被誉为新型职业农民培养的"江西样板"。

三、江西教育强省建设要为乡村振兴战略提供新动力

2018年11月8日，江西省委书记刘奇在《中国教育报》发表题为《全面贯彻党的教育方针加快推进教育强省建设》的文章，号召全省上下要深入学习贯彻习近平总书记关于教育的重要论述，突出坚持优先发展教育事业、构建科学教育体系、加强教师队伍建设、深化教育体制改革、把握党对教育工作主导权等方面的重点工作，加快推进教育强省建设，努力开创新时代教育改革发展新局面。建设教育强省，必须深化改革。要立足江西实际、契合江西省情、突出江西特色，推动新时代江西"学前教育重普惠、义务教育促均衡、高中教育抓普及、职业教育优结构、高等教育创一流"等各项工作的创新发展。

教育强省，学校要强，要培养出更多的乡村振兴迫切需要的人才。教育强省，服务要强，要服务好乡村振兴对人才的迫切需要。乡村产业振兴、乡村文化振兴、乡村生态振兴、乡村组织振兴，最终要以乡村人才振兴为支撑。2018

年2月，中共江西省委、江西省人民政府关于实施乡村振兴战略的意见，强调要坚持农业农村优先发展，解决我省人民日益增长的美好生活需要和不平衡不充分的发展之间的矛盾问题，推动农业全面升级、农村全面进步、农民全面发展。围绕实现既定目标，江西省要加强农业高等教育和农业职业教育，借鉴兄弟省的经验，每年招收一批公费农科本科生，签订毕业后到县及以下基层工作5年的协议；继续抓好新型职业农民培养工程和"一村一名大学生工程"，在现有农民大学生专科、本科层次培养的基础上，给予政策和经费支持招收"一村一名大学生工程"的农业专业硕士。结合江西实际，江西农业大学出台了招收农民大学生农业硕士的各项优惠政策。通过提升教育服务功能，实现乡村人才振兴，为农业农村创新创业注入新活力，是非常关键的一环。

新时代要有新作为，学校将进一步落实教育强省的战略目标，结合学校办学定位和人才培养特色，努力培养更多高素质农业专业人才，为乡村振兴注入强劲动力。一是立足农业高校办学定位，坚持"农大姓农""农大务农"，以培养"三农"人才为自身光荣职责和使命；二是立足国情农情校情，结合国家战略、社会需求和自身实际，不断创新服务"三农"人才培养模式；三是立足农业农村发展前沿，坚持顶天立地，把论文写在大地上，走农业教育可持续发展道路，服务农村人才振兴、科技振兴、产业振兴。

四、卓越农林人才培养要为乡村人才振兴提供新活力

学必期于用，用必适于地。实施乡村振兴，必须要有大批懂农业、爱农村、爱农民（简称"一懂两爱"）的"三农"工作队伍，必须要有"宽博知识、宽精技能、宽厚素质"，"下得去、用得上、干得好、留得住"（简称"三宽四得"）的创新创业人才。卓越农林人才教育培养计划2.0，要紧紧围绕乡村振兴战略，坚持产学研协作，深化农科教结合，用现代科学技术改造提升现有涉农专业，建设一批适应农林新产业新业态发展的涉农新专业，建设中国特色、世界水平的一流农林专业，培养懂农业、爱农村、爱农民的一流农林人才。并从"推动高等农林教育创新发展""培育农林学生爱农知农为农素养"到"提升农林专业建设水平""创新农林人才培养模式""完善农科教协

同育人机制""拓展一流师资队伍建设途径""培育高等农林教育质量文化"等提出了具体要求。

江西省的卓越农林人才教育培养计划2.0实施情况，还处在发展初期。江西农业大学也正在进行一些实践创新，包括专门制定面向卓越农林人才教育培养的人才培养方案，探索产学研用一体的教学新模式；实施"一村一名大学生工程"、科技特派团（员）工程、"掌上农技"线上线下科技服务工程等举措，融通学校+企业、学生+农场主、课内+课外、校内"田"+校外"田"、线上+线下等教学创新要素，致力培养具有"一懂两爱""三宽四得"特质的"一专多能"型高素质乡村振兴人才，形成了具有农大特色的农林人才与新型职业农民培育体系。卓越农林人才教育培养计划2.0，关键是农林专业人才的精准培养问题，着力培养具有"一懂两爱三宽四得"特质的"一专多能"型高素质乡村实用人才，通过乡村人才振兴，带动乡村产业振兴，助力乡村振兴战略。

奋进新时代，学校将进一步加快推进卓越农林人才教育培养计划：一是设立一批院士工作站打造跨学科乡村振兴教育实践基地、建构校地企三方协同育人机制、施行精准扶贫脱贫攻坚工程等举措，大力发展新农科人才培养服务乡村人才振兴；二是围绕江西省农业农村经济高质量、跨越式发展，结合农田基础设施建设"八个结合"、农业结构调整"九大工程"、绿色生态农业"十大行动"等，进一步提高人才培养的针对性和实用性，实现教育链—人才链—乡村产业链的有机衔接，助力我省教育强省建设和乡村振兴战略。三是建立校企、校院（所）合作机制，与省内的农业科技园、农业产业园紧密合作建立校企合作机制，与省内科研院所合作建立校院合作机制，设立博士后工作站、院士工作站、涉农本科专业和专业学位研究生培养基地等，共同推进科技研发、科技成果示范与推广应用、人才的协同培养等。

第十二章 坚持以学科为抓手推进有特色高水平大学建设

加快建成一批世界一流的大学和一流的学科，提升我国高等教育综合实力和国际竞争力，推动高等教育大国向高等教育强国、人才大国向人才强国的转变，是当前我国高等教育发展改革面临的突出问题。2015年8月，国务院通过《统筹推进世界一流大学和一流学科建设总体方案》；2017年1月，教育部、财政部、国家发展改革委印发了《统筹推进世界一流大学和一流学科建设实施办法（暂行）》，对我国高等教育"双一流"建设做了部署；2017年3月5日，李克强总理在政府工作报告中强调，推进世界一流大学和一流学科建设，制定实施《中国教育现代化2030》，要发展人民满意的教育，以教育现代化支撑国家现代化。"双一流"建设是继"211""985"之后，又一个国家高等教育发展战略，注重的是教育的"高度"和"深度"，是教育大国到教育强国的必经之路；《中国教育现代化2030》顺应终身学习的理念，创造终身教育体系、构建现代学习型社会，注重的是教育的"宽度"和"广度"，是造就高素质劳动者和拔尖创新人才的中国模式。没有教育现代化就没有国家现代化！"推进世界一流大学和一流学科建设""制定实施《中国教育现代化2030》"两项战略举措，为新阶段我国的教育改革和发展指明了方向，是今后一段时期教育优先战略的重要抓手和具体举措，最终将推进我国教育改革向纵深全面发展。"十三五"期间，我国高等教育将从大众化阶段向普及化阶段迈进，针对高等教育改革发展中面临的新的机遇与挑战，各高校都在"创特色、上水平"方面下功夫，抓住机遇、因势利导，不断加强软硬件建设，尝试走出一条内涵式发展的道路。

作为地方农业院校，江西农业大学是一所以农为优势、以生物技术为特色、多学科协调发展的多科性大学。学校可溯源于1905年创办的江西实业学堂，1980年11月更名为江西农业大学。历经百十年发展，学校已经形成较为完备的育人体系，学科涵盖农、理、工、经、管、文、法、教、哲、艺10大门类，有3个一级学科博士点，19个一级学科硕士点，71个本科专业。有1个国家林业局重点学科，3个江西省高水平学科，7个省级重点学科。有2个博士后科研流动站，1个博士后科研工作站。一批学科带头人和学术骨干脱颖而出，一批科技创新团队成为相关领域的翘楚，得到国内同行的尊重与认可。然而，在国家"双一流"大学战略视野下，作为地方农业高校要建设有特色高水平大学，就必须要努力促进学科"入主流、创特色、上水平"，以学科建设为抓手，回答好什么是"特色"大学、什么是"高水平"大学、什么是"地方"大学3个本质问题，引领和加速学科高质量发展，支撑起地方有特色高水平大学建设。

一、新阶段学科建设面临的新问题

学科建设作为高校"创特色、上水平"的龙头工作，倍受高校重视。"十二五"期间，我校不断凝练学科特色，努力汇聚学科人才，重点打造学科平台，取得了一定的成绩，形成了一定的特色和优势。但与国内外同行相比，无论从整体实力上还是发展速度上，还存在很大的差距。本着强化问题意识、坚持问题导向，客观地梳理目前面临的问题和存在的差距，有地方农业高校发展面临的共性问题，也有学校自身的局限和个性问题。主要表现在：办学理念有所局限，思想引领的实效性亟须进一步提高；学校内涵建设不足，教育教学改革抓手乏力；办学资金相对紧张，学校周边环境相对恶劣；学校管理体系和治理能力亟待提升，各方工作合力尚需加强；等等。总之，我们学校建设有特色高水平大学的任务还十分艰巨，需要长期的、艰苦的努力。聚焦学科建设方面存在的突出问题，主要在以下几方面。

（一）学科建设整体水平不高，发展速度有限

经过多年建设与发展，学校已形成了一些优势特色学科，但是得到国内公认的学术成果还不多，学科成果的含金量不足，在国内上的学术声誉尚需提高。学科发展速度，无论是横向比较还是纵向比较，各方驱动力不足，学科发展建设比较缓慢。从学校的全局和长远发展出发，在未来的学科建设规划中，学科特色需要进一步合理定位，确定自身的学科发展方向和目标，明确攀登国内一流学科的发展战略。

（二）学科规划布局亟需优化，特色凝练不够

在学科建设上，国家都按一级学科进行建设指导，各高校也围绕一级学科进行统筹建设。我校部分一级学科下的二级学科分散在各个学院，如生物学下的二级学科分布在农学院、林学院、生工院和理学院，公共管理分散到经管学院、人文学院、国土学院等，资源、人力、平台难以实现有效整合，不利于学科建设。同时，学科布局不尽合理，尽管学校提出了"科技农业"和"人文农业"双轮驱动，但学科之间的差距极大，很多老师在学科上没有归属感和获得感。因此，要加大扶持弱势学科，要让教师人人进学科、进团队；对没有硕士点的学院，要创造条件设置硕士点，以提升本科生对所学专业的自豪感和自信心，让优秀本科生有在本校继续深造的平台和机会。

（三）学科队伍总量严重不足，领军人才匮乏

作为地方农业高校，高尖端人才引进比较困难，大部分学科缺乏国内外学术前沿一流科学家和学科领军的高层次人才，且部分学科带头人在本学科不具备绝对学术权威，难以形成学科合力。对高层次人才的引进和培养，特别是领军人才的引进和培养都显得紧急而迫切。学校除了少数传统优势学科，多数学科人才队伍严重匮乏。即使传统优势学科，与有些兄弟院校相比，人才队伍还是显得相当薄弱。尤其在当前高校即将开展的本科专业综合评价、学位授权点合格评估和学科水平评估的背景下，由于学科成员和成果不得在不同学科专业交叉、重复使用，人才队伍总量不足显得尤为突出。人才队伍总量的不足严重制约了学科的发展。

（四）学科人才培养亟待强化，质量有待提高

人才培养是学科建设的根本任务之一。我校学科建设与人才培养的结合比较紧密，人才培养质量不断提高，在每年博士和硕士毕业论文抽查中都有较好的表现。但是，与培养高素质现代化创新人才以及建设有特色高水平大学的需求相比，本科生及研究生培养模式比较单一，教学改革力度还不够大，理论知识与实践技能结合不够紧密，创新创业平台和基地建设比较单薄，难以满足创新人才培养的要求，需要进一步加强人才培养工作力度。另外，高层次人才培养规模极小，博士研究生招生数量和生源质量都受到一定的制约，研究生的科研贡献率很小，一定程度上影响了学科的建设与发展。

（五）学科建设管理机制单一，统筹协调不够

学科建设统筹规划机制体制比较落后，学科发展平衡协调状况令人担忧，以学科为龙头工作的管理服务体系没有完全落实到位。直接导致：学科人才队伍总量不足，学科发展差距显著，多学科融合机制不畅，青年人才断层显现，大团队攻关意识不强，学科在人才培养、科学研究、人才团队建设等方面的功能不能充分发挥。学校和各学院的学科顶层规划和统筹管理工作还存在许多薄弱环节，尤其在推动学科平台基地建设以及交叉学科建设中，学校规划协调工作有待于进一步加强。在学科建设的管理体制和运行机制上，还需进一步解放思想，改革创新，进一步优化学科发展理念、发展方式和发展路径。

二、新阶段学科建设面临的新机遇

任何高校建设有特色高水平大学都是一项长期的、复杂的系统工程。学科建设集中体现了一所大学特别是研究型大学的办学水平、办学特色和学术地位，是大学核心竞争力和在国内外地位的主要标志。学科是大学承载人才培养、科学研究、社会服务和文化传承创新等功能的基本单元，学科水平是学校综合实力的重要表现。有特色高水平大学必须拥有一批有特色高水平学科，建设一流的特色学科体系是建设高水平特色大学的核心要素。江西农业大学一直将学科建设作为学校发展战略的重要内容，作为学校的龙头工作。经过

"十二五"期间的重点建设，我校学科建设工作取得了明显成效，为科学、有序、扎实地推进学科建设更上新台阶，建设有特色高水平大学打下一定的基础。尽管问题重重，但发展机遇也很明显。

（一）教育优先战略为学科发展助力

党的十八大以来，党中央始终把教育放在优先发展的位置，确立了教育优先发展、创新发展的战略方针，高等教育的发展环境日趋优化。《中共中央关于制定国民经济和社会发展第十三个五年规划的建议》中明确提出，深入实施创新驱动发展战略，推进有特色高水平大学和科研院所建设。提高高校教学水平和创新能力，使若干高校和一批学科达到或接近世界一流水平。规划建议同时明确要大力推进农业现代化，着力构建现代农业产业体系、生产体系、经营体系，提高农业质量效益和竞争力。在我国农业科技总体水平与发达国家相比还比较低的大背景下，全社会关心农业和农业教育的氛围将日渐浓厚，强化高等农业教育优化发展的策略将成为共识。

（二）农业转型升级为学科发展助力

农业是稳民心、安天下的战略性产业。党和国家提出大力推进农业现代化，要求实现"农业科技创新能力总体上达到发展中国家领先水平，力争在农业重大基础理论、前沿核心技术方面取得一批达到世界先进水平的成果"。《中共江西省委关于制定全省国民经济和社会发展第十三个五年规划的建议》中提出建设现代农业强省，着力构建现代农业产业体系、生产体系和经营体系；明确要把提高农业综合效益和竞争力摆在更加突出的位置，深入实施科技兴农战略，注重开发农业多种功能等。而实现这一转变，基础在加快高等农业教育的改革、关键在农业人才的支持、出路在农业科技的创新。这为我校支撑引领江西现代农业的转型升级提供了广阔的舞台。

（三）校地协同创新为学科发展助力

江西作为一个农业人口多、农村地域广、农业比重相对较高的经济欠发达省份，如何巩固提升传统优势产业又培育发展新型特色产业，实现传统农业向现代农业转变，培育江西农业特色产业发展的亮点和示范点，对于农业院校来讲大有用武之地。目前，我校依托涉农学科、新农村发展研究院、继续教育学院等，认真组织实施了"科技特派团富民强县工程""一村一名大学生工程"，探索以项目、人才对接产业的精准帮扶模式，着力培养符合广大农村需要的乡土实用人才；不断加强校地合作，在策应农业产业发展需要、提高学科专业同江西产业布局的对接度、提高人才培养对经济社会发展的支持度、提高科技创新对经济发展的支撑度、提高智力资源对地方政府决策的贡献度等方面主动顺应社会的需求，努力成为地方高素质农业科技人才的培养基地、农业科技成果转化的孵化器、党和政府农业决策的思想库、农村文化传承创新的引领者，赢得各级地方政府和行业社会的持续关注和支持。

（四）学校内涵建设为学科发展助力

高等学校的内涵建设是相对于其外延建设而言的。内涵建设就是要注重学校办学理念、教师素质、教育科研、人才培养、校园文化等方面的建设，做到软硬兼备、外力与内源并重、传统与变革并举、做大与做强并行，推进高等学校的科学定位，帮助高校发展出自己的特色，培养出自己的校园文化和主体精神，满足社会对高等优质教育的需求。江西农业大学是一所以农为主、多科并举、富有特色的教育研究性大学。为进一步形成办学特色，学校以创新驱动为主导、以问题需求为导向、以培养人才为根本、以服务社会为目标，提出了"科技农业"和"人文农业"双轮驱动、"传承发扬"和"创新发展"相互促进的发展思路，不断凝练特色、突出重点、优化布局，抓好学科建设，做大做强传统优势学科、发展新兴学科、支持交叉学科，不断提升学科建设的整体水平。通过"十二五"的建设，基本形成了以农为优势、以生物技术为特色的学科专业结构体系，为未来的学科建设打下了比较扎实的基础。

三、新阶段学科建设谋求的新思路

"十三五"时期，是全面贯彻落实国家和江西省《中长期教育改革和发展规划纲要（2010~2020年）》的收官时期，也是我校努力建设成为行业有重要影响、综合实力居省内前列、特色学科创国内一流的有特色高水平大学的关键阶段，进一步推进学科建设尤为迫切。从全国高等教育总体形势看，改革与发展进入了一个全新的历史阶段。特别是在"推进世界一流大学和一流学科建设""制定实施《中国教育现代化2030》"的大背景下，发展慢了不可行，不发展更不可行。未来几年，学校将以办学定位构筑有特色高水平大学建设的内核，以学科建设引领高水平大学核心竞争力提升的方向，紧紧抓住学科建设这个核心，在科学分析和客观定位的基础上，集中力量强化特色优势学科、大力扶持新兴交叉学科、协调发展基础支撑学科，使学科建设"入主流、创特色、上水平"，学科整体实力显著增强。

（一）统一思想力求有前瞻

根据《国家中长期教育改革和发展规划纲要（2010—2020年）》《江西省中长期教育改革和发展规划纲要（2010—2020年）》和国务院《统筹推进世界一流大学和一流学科建设总体方案》的精神要求，学校制定了《"十三五"事业发展规划》《学科建设及学位与研究生教育"十三五"发展规划》，统一思想、整合力量，以建设有特色高水平大学为目标，瞄准农业科技前沿，围绕我国农业、农村、农民发展的重大需求，不断优化学科结构，大力增强学科优势，服务于有理想高素质专业人才的培养和绿色生态平安江西、富裕和谐秀美江西的发展建设。在具体思路和工作举措上，学校将进一步明确"科技农业"和"人文农业"双轮驱动、"传承发扬"和"创新发展"相互促进的发展思路，大力加强学科建设。坚持以重点学科建设为核心，不断调整优化学科结构，主动适应新事态、新业态、新常态和建设高水平大学的要求，坚持提升优势学科、振兴特色学科、培育基础学科、繁荣人文学科同步推进，建立起一个规模、层次、布局及结构合理，重点学科特色鲜明的学科体系，以学科建设带动学校全面发展，以高层次创新型人才培养推进有特色高水平大学建设，进一步提高学校综合实力，为加快建设有特色高水平大学步伐奠定更加坚实的基础。

（二）明确目标力求有突破

为加快实施"双一流"建设，进一步提升江西高等教育综合实力和竞争力，更好服务江西经济社会发展，2017年5月江西省政府印发《江西省有特色高水平大学和一流学科专业建设实施方案》，提出了"服务江西，重点建设""特色发展，分层建设""问题导向，创新建设""绩效约束，动态建设""政府引导，协同建设"的建设思路基本原则。学校"双一流"建设也在紧锣密鼓的推进中，按照建设有特色高水平大学的总要求，对学科体系和特色学科建设进行了统筹谋划，并结合自身的特色和优势确定了建设目标：力争在畜牧学、作物学、林学3个一级博士学科中实现国家一流学科突破；力争实现1~2个学科进入ESI全球前1%，争取获批2~3个省级优势型学科、5~8个省级成长型学科和3~5个省级培育型学科；力争新增一级学科博士点和一级学科硕士点各1~2个，力争实现兽医博士专业学位授权点的突破，力争在会计硕士、教育硕士、社会工作硕士、金融硕士和工商管理硕士等种类中新增3~5种专业学位授权点，新增博士后科研流动站（工作站）2~3个。通过加强学科建设，涉农学科的竞争能力得到显著提升，居于国内同类学科优势地位；人文社会科学学科建设迈上新台阶，基础学科与新兴交叉学科建设取得新成效；进一步缩小与先进高校之间的差距，若干优势学科率先跻身国内一流学科行列。

（三）分类推进力求有作为

从地方农业高校的发展实际看，有特色高水平大学和一流学科专业建设应该包含3个层次：有特色高水平大学整体建设；优势和特色学科建设；本科优势和特色专业建设。为优化各类资源配置，建设一流学科专业，江西农业大学将按照"突出重点、优化结构、分类指导、错位发展"的建设方针，围绕四项"计划"实施学科建设系统工程，着力推进"农林学科争一流、理工学科上水平、人文社科创特色"，力求"科技农业"与"人文农业"协同发展，全面提升学科整体水平和办学实力，全面推进有特色高水平大学建设。

一是优势学科提升计划。以重点学科为抓手推进畜牧学、作物学、林学等优势学科建设，确保建成一批省内一流学科，在国内同类学科中处于领先地位，并争取实现国家一流学科的突破。以畜牧学学科为基础，构建具有学校办学特色的畜牧产业链及延伸研究领域，实现畜牧学学科的科研集群优势、创新能力和社会经济服务能力显著提升，使其在某些领域达到国际知名或领先水平。争取1~2个学科在教育部学科评估排名中进入前1/3，争取1~2个基础学科进入ESI全球排名前1%。

二是特色学科振兴计划。按学科发展和建设的规律，对学院的设置、学科专业的布局进行优化调整，破除学科发展的瓶颈，整合资源强化优势，着力推进生物学学科、生态学学科的建设，不断提升特色学科的整体水平和学术竞争力。继续建设农林经济管理、农业资源与环境、园艺学、植物保护、食品科学与工程、兽医学、农业工程7个学科，为其跨入"十三五"省级一流学科奠定坚实基础。

三是基础学科培育计划。加强以生物学、化学、数学、物理学为核心的理学学科，以计算机科学与技术、环境科学与工程为代表的工学学科，以公共管理、工商管理为依托的管理学科的基础地位，使这些学科成为农学等主干学科发展的有力支撑，并通过基础学科与优势学科的交叉、渗透和融合培育具有发展潜力和应用前景的新兴应用交叉学科。

四是人文学科繁荣计划。加大经济学、管理学、哲学、政治学、教育学、社会学、文学、法学、艺术学等人文学科的建设力度，鼓励其结合学校发展特色与其他传统学科进行交叉，努力建成以"三农"问题研究为核心，形成自然科学与人文社会科学相互支持、相辅相成的学科体系，提升学校人文社科研究的核心竞争力和影响力，使其成为在政府决策咨询中有重要影响力的特色新型智库。

第十三章 加强拔尖创新型农林教学 与科研人才培养基地改革试点

为深入贯彻习近平新时代中国特色社会主义思想和党的十九大精神，全面贯彻落实党和国家教育方针，根据《教育部 农业农村部 国家林业和草原局关于加强农科教结合实施卓越农林人才教育培养计划2.0的意见》（教高〔2018〕5号）和《江西省教育厅 江西省农业农村厅 江西省林业局 江西省财政厅关于江西省卓越农林人才教育培养计划2.0的实施意见》（赣教高字〔2019〕40号）等文件精神，构建拔尖创新型人才培养体系，全面提升人才培养质量，推进有特色高水平农业大学建设，江西农业大学积极参与了拔尖创新型农林教学与科研人才培养基地改革试点工作。

一、指导思想

全面贯彻落实党和国家教育方针，坚持社会主义办学方向，落实立德树人根本任务，主动适应国家和地方经济发展需求，按照"强化基础，注重实践、学研并重，突出创新"的育人原则，依托优势学科专业，补齐短板、做强弱项，全面深化研究生教育改革，培养懂农业、爱农村、爱农民，具有宽厚的理论基础、系统的专业知识和优秀的创新品质，较强的科技创新能力、攻关组织能力和国际交流能力，能参与未来国际农业科技竞争，引领未来农林产业发展方向的高素质拔尖创新型人才。

二、总体目标与基本原则

（一）总体目标

以培养知农爱农为农拔尖人才为中心，围绕新农科建设和江西省"六卓越一拔尖"计划2.0的要求，以强农兴农为己任，打造江西省农林教学与科研人才培养基地，加快推进拔尖创新型农林人才培养，初步构建拔尖创新型农林人才选拔与培养模式，初步形成面向江西重大战略需求和科技发展前沿的农林学科拔尖人才培养体系，引领一批学生成长为农林学科领域的领军人才。

（二）基本原则

1.坚持立德树人。坚持立德树人为根本，将思想政治教育贯穿拔尖创新型人才培养全过程，实现全员育人、全程育人、全方位育人，培养德智体美劳全面发展的社会主义建设者和接班人。

2.坚持以生为本。坚持"以生为本"，以学生身心和学习发展规律为遵循，尊重学生自主发展，不断提高培养水平，为学生终身学习、自主发展、主动适应社会需求等提供优质教育。

3.坚持内涵发展。以拔尖创新型人才培养为引领，以质量提升为核心，完善拔尖创新型人才培养体系，推进学校研究生教育教学改革，走有特色、高水平、内涵式发展道路，实现内在品质的全面提升。

4.坚持前瞻思维。以"拔尖创新型人才"培养为核心，既要立足实际，又要长远眼光，站在研究生教育发展的前沿，充分研判研究生教育发展趋势，把握正确改革方向。

5.坚持全面开放。引进优质教育教学资源，扩大中外师生交流和留学生教育，加强国际交流合作，提高学校国际化水平。

三、主要任务和重要举措

围绕构建有特色高水平拔尖创新型农林人才培养体系，坚持以培养知农爱农为农拔尖人才为中心，全面深化研究生教育改革，努力打造江西省农林教学与科研人才培养基地，全面提升拔尖创新型农林人才培养能力和培养质量。

（一）加强学科建设，提升质量内涵

1.实施分类建设，构筑良好学科生态

根据学科建设整体规划及学科在人才培养、科学研究、社会服务等方面的发展水平，按照优势学科、潜力学科、支撑学科进行分类，实施学科差异化建设和管理，逐步建成具有特色鲜明、优势突出且相互支撑的学科生态系统。在资源配置中对畜牧学、作物学、林学、农业资源与环境等优势学科予以优先支持，实行统筹规划、加强绩效考核，建立常态支持和动态支持相结合的建设机制，持续推进优势学科引领带动学科建设整体水平提升；大力拓展农林经济管理、兽医学、农业工程、园艺学、植物保护、食品科学与工程、风景园林学、生物工程等潜力学科的发展空间，提高学科创新能力和学术影响力，在资源配置中对潜力学科加大支持，强化绩效考核，对于建设绩效突出的学科，纳入优势学科优先支持；加强生物学、化学、公共管理等支撑学科建设，提高其对优势学科、潜力学科的支撑度及整体建设水平。

2.强化学科建设，突显示范引领作用

以省一流学科建设为抓手，持续推进省一流学科群建设，强化高位推进、强化政策保障、强化动态监管，全面推进落实人才引进、设备采购、平台建设、资金使用、成果突出等具体工作，综合施策稳步推进学校省一流学科建设。围绕省一流学科建设，梳理学科优势特色、凝练学科发展方向、完善学科体系、强化团队建设，打破学科组织和院系行政壁垒的限制，制定一流学科群发展战略，明确学科群发展目标、重点、任务、实现路径、保障条件等，实现以点带面，引领带动学校教育学、工学、理学、管理学学科专业联动发展，逐步提升学校学科整体实力和影响力。

3.优化学科布局，激活学科内生动力

紧扣国家和江西重大战略需求，面向经济社会主战场，面向科技发展前沿，对接新一代现代农业等行业产业集群，加强总体规划、科学合理布局，坚持扶优扶需扶特扶新，集中学校有限资源，坚持"有所为、有所不为、为而有度"，不断优化学科专业结构布局。强化学位授权点结构和质量的统筹规划。

加快推进拟申报博士点的立项建设，进一步扩大博士点数量和规模，提升学科结构层次。持续稳步推进学位点动态调整及跨学院管理优化工作，统筹优化资源配置，进一步提升学科建设效率和水平；探索建立基于动态监测和常态评估的学科（学位点）动态退出和调整机制；推动学科交叉融合，探索建立有效推动学科交叉融合的体制机制，打破人才培养和科学研究中存在的学科之间、学院之间的行政壁垒，创造有利条件，促进学科交叉与融合，强化学科人力、智力要素的汇聚与集成。

4.加快新农科布局，服务区域发展提升

立足国家特别是江西经济社会发展需求，瞄准新农科建设，对标新农科人才培养引导性学科目录，适应产业发展，以学科专业为抓手，以培养拔尖创新型人才为重点，以支撑创新驱动发展战略，统筹优化资源配置，加快谋划布局新建农林产业发展前沿的新兴涉农学科。通过重点投入、重点建设，强化学科内涵发展，进一步凝练学科方向，加强高端人才引育、优秀青年人才的培养和学术团队建设，建设高水平科技平台，深化科技创新机制体制改革，提升科技创新能力，打造优势特色学科新的"增长点"，充分发挥学科建设对拔尖创新型人才培养的支撑作用，提升人才培养质量，不断提升学科发展建设对江西经济社会发展的支撑度和贡献率，为实现区域经济社会发展提供强有力的人才保证、智力支持和科技支撑。

（二）加强师资建设，提高育人能力

1.加强师资引进培养力度，促进师德师风

积极开展高层次、拔尖创新人才引进与培养计划，坚持"引进和培养相结合"的原则，加强人才引进力度和师资队伍建设，在各个方面为高水平人才的引进、培养、发展创造条件，让人才引得进更留得住。强化研究生导师学术规范和学术道德建设，严厉查处违反学术规范和学术道德形为。研究生导师作为研究生培养的第一责任人，要成为遵守学术规范和学术道德的榜样，起到引导和示范作用。

2.全面落实导师轮训制度，提升教育能力

加强和改进研究生导师队伍建设，提升研究生导师教书育人能力，提高自身素质和研究生培养质量。积极开展研究生导师培训工作，制定出台导师培训工作制度文件，实施导师培训全覆盖，确保导师每三年轮训一次。

3.优化师资能力考核评价，加强动态管理

强化导师岗位和责任意识，充分调动导师指导研究生积极性和主动性，加强研究生培养质量保障体系建设，提高研究生培养质量。实施学术型和专业学位导师分类分层次的考核评价。在遵循研究生教育规律的基础上，优化导师指导能力评价，突出对导师指导水平、研究生培养质量和导师业务能力的考核评价。加强导师能力考核评价的动态管理，对能力考核评价不合格的予以停招、限招政策，确保导师队伍的整体质量。

4.建立健全师资信息平台，提高管理绩效

加快信息化建设进程，建立导师信息化管理平台，及时定期更新维护导师信息，做好导师信息管理。通过信息化管理平台，提升导师管理的工作效率和信息化服务能力水平。

（三）着力招生改革，优化层次结构

1.推进本科生招生改革，扩大农林优势

深化本科招生考试制度改革，积极探索更加合理、有效、灵活的招生形式，有效提高生源数量和质量。有效依托我校农林学科专业优势，进一步推进"惟义实验班"建设，结合新农科班、新工科等发展需求和学校培养特色，设立"农学—惟义实验班""林学—惟义实验班""动物科学—惟义实验班""农业资源与环境—惟义实验班""食品科学与工程—惟义实验班""生物学—惟义实验班"等，加快实施卓越农林人才2.0计划，不断提升我校农林学科专业人才培养质量和学校办学水平。

2.加快研究生招生改革，吸引优质生源

积极探索实施博士研究生招生改革，提升博士研究生生源质量，逐步从统一考试制度向申请考核制和硕博连读招生方式过渡。全面开展优秀大学生、研究生夏令营活动，通过夏令营活动积极宣传学校学科专业办学特色，鼓励吸引优秀大学生、研究生参加学校推免、硕博连读和报考，有效提升研究生生源质量。进一步推动"一村一名大学生工程"专业硕士研究生培养专项，实施"一村一名大学生工程"升级版。

3.贯通本硕博人才培养，多层次一体化

积极沟通协调，打通"本硕博"三阶段，探索实现招生、培养方案、课程体系、导师培养、运行模式等方面的贯通，探索构建"本硕博"贯通人才培养模式。实施本—硕—博"3+1+2+3"招生培养模式，结合硕士推免、硕博连读等方式，实现本硕博招生与培养工作有效衔接，有效实现"本硕博"招生贯通、培养方案贯通、课程设置贯通和导师指导贯通。

（四）严抓过程管理，提高培养质量

1.抓好教学改革，落实培养过程管理

培养计划应严格按照卓越农林人才培养方案进行制定，培养计划的制定应以学科点为单位，根据学科方向，在学科点导师团队的指导下，结合研究生的个性特点，制定符合研究生特点的培养计划及培养目标，并严格按照培养计划要求落实。

根据不同类型农林人才培养目标及本硕博一体化的人才培养方案，优化课程设置，加强课程体系整体设计，压缩课程数量，减少重复课、课程重复内容等虚课，淘汰水课，构建少而精的核心课程体系，实行跨层次、跨学科、高弹性、模块化的灵活选课机制，本科可以提前选修硕博课程、硕士可提前选修博士课程。开设学科前沿课程，培养研究生的创新能力。加强农业特色通识教育课程建设，把思想政治教育和职业素养教育贯穿农林人才培养全课程、全过程，开设"大国三农"选修课程。知识结构体现学科交叉融合，体现现代生物科技，及时用农林业发展的新理论、新知识、新技术更新教学内容，增强对研究生综合素质的培养。课程建设应围绕培养研究生的创新精神、创新能力，建立重点突出的、互为联系的、起骨干支撑作用的高层次核心课程群。

进一步加强研究生培养各环节有效衔接，落实"一本四册"研究生全过程培养监管体系，规范听课督导、学业指导、学术引导、专业实践等培养环节的管理。进一步强化研究生培养过程管理，加强培养各环节的有效衔接。研究生需对各培养环节进行学习情况记录。导师应对研究生专业学习情况进行交流指导。专业学位研究生应对专业实践过程做好实践记录，校内外导师应对专业学位研究生加强沟通与指导，导师指导过程需要做好记录。严格执行听课制度，形成校院三级监督管理体系，不断提升课堂教学质量，落实"一本四册"研究生全过程培养监管体系。

2.加强学位管理，狠抓学位论文质量

大力规范学位申请过程管理，严格抓好研究生学位授予质量，提高研究生学术创新意识和能力。重点加强学位过程管理，做好了研究生学位授予工作，严格学位论文开题、中期考核、检测、抽查、评审、答辩、复审、学位评定等关键环节，切实保障学位授予质量。进一步构建和完善我校研究生学位论文质量监控体系，实现了传统纸质论文向电子论文送审转变，进一步提高了学位论文"双盲"评审的质量和效率，进一步明确了"答辩后"抽查复审的条件。对各研究生培养单位硕士学位论文进行随机抽查，抽查数量为各研究生培养单位授予学位总人数的5%，进一步规范了我校学位申请、授予等过程管理。

3.严格淘汰机制，强化学业学籍考核

进一步完善中期考核制度，畅通分流渠道，加大淘汰力度。研究生阶段未修满规定学分；学位课或必修课考试不及格，需要补考；有违纪行为并被予以处理者；自动放弃本硕博培养计划；科研论文无法达到学校要求者以及学校考核认为不适宜继续进行本硕博培养计划的，将根据具体情况予以淘汰。

制定并严格执行学籍预警制度，对于未在规定时间内完成培养计划，课程成绩不满足学位申请要求，未完成开题报告及中期考核，学位论文不符合评审答辩要求，超过最长学习年限的研究生进行学籍预警，有针对性地采取相应的防范措施，帮助研究生顺利完成学业。对超过最长学习年限未能完成学业的研究生进行学籍清理，加大淘汰力度，提高培养质量。

（五）创新实践教育，提升协同育人

1.全面加强创新实践基地建设，满足育人需求

加大研究生教育创新实践基地的建设，强化学生实践能力的培养。加强与本省农（林）科学院所开展战略合作，建立教育合作示范育人基地；推动"引企入教"，深化产教融合，加强与农林企业建立战略联盟，建立产教融合示范基地；依托现代农业产业技术体系综合试验站，建立农科教合作人才培养基地

等优质教育创新实践基地。依靠创新实践基地的农林专家、农林企业人员及其团队共同指导研究生，依托创新实践基地的科研项目，强化研究生的实践能力培养，让研究生掌握最新学科发展动态，最新的产品研发动态，提升生产技能和经营管理能力，实现行业优质资源转化为育人资源、行业特色转化为专业特色，将合作成果落实到推动产业发展中。

引导学生入驻科技小院等创新实践基地开展科学分析研究，本科生可在大学四年级推免后直接入驻科技小院等创新实践基地，自主学习专业知识，分析解决实际问题，实现理论知识与生产实践相结合，提高学生的实践创新能力。

2.落实研究生差异化培育管理，强化分类培养

落实研究生差异化培养，学术学位研究生的培养以提高创新能力为目标，专业学位研究生的培养以提升职业能力为导向。强化专业学位研究生实践环节管理，引导专业学位研究生入驻创新实践基地，依托创新实践基地的科研项目，积极开展项目研究，校内外导师加强对研究生的共同指导，提高研究生的实践能力和职业能力。引导学术学位研究生尽早参与导师课题研究、参与项目研究，明确研究方向，制定研究计划，不断提高学术学位研究生的创新能力，为进入本硕博一体化的博士阶段科学研究打下坚实的基础。

3.推动人才培养下基层进基地，加强实践育人

进一步加强农科教结合、产学研协作，提高研究生综合实践能力，推动人才培养下基层进基地，强化实践育人，改革创新实践基地研究生指标分配机制，直接将招生指标划拨至创新实践基地，鼓励基地与学校共同做好招生宣传，确保能够实现招得到目标。研究生完成培养计划要求的教学环节，进入基地开展科学研究，实现下得去的目标。依托创新实践基地的科研项目，校内外导师共同加强对研究生的指导，提高研究生的实践能力，实现干得好的目标。

（六）加强教改研究，提升育人质量

1.加快培养方案修订，优化课程体系

明确不同类型农林人才培养目标，突出学科领域的特色，结合学生特点，制定拔尖创新人才培养方案。依托学科优势，建立通识教育+学科专业教育的课程体系，优化课程设置，减少重复课、课程重复内容。建设农业特色通识教

育课程，把思想政治教育和职业素养教育贯穿农林人才培养全课程、全过程。开设前沿学科课程，加强农林学生专业知识教育。拔尖创新人才的培养，要求掌握扎实的专业基础理论和行业最新发展动态，具备优良的综合知识素养和宽阔的学科视野，同时还要有较强的实验技能，特别是具备通过实验发现、分析、解决问题的能力，以及设计实验、验证设想的能力。实验实践课程体系为培养从事科学研究、农业技术开发应用和管理等方面具有学科交叉背景的专门型人才提供了良好的实践基础，逐步培养了研究生的实践能力、协作能力、科研能力和创新能力。加强农林学生实践教学，注重素质教育与专业教育有机结合，把创新创业教育贯穿人才培养全过程，着力提升农林学生专业能力和综合素养，促进学生知识、能力、素质的有机融合，培养一批知农爱农为农、多学科背景的复合型高素质农林人才。

2.强化精品课程建设，提升教学效果

加大研究生优质课程的建设力度，坚持学生中心、产出导向、持续改进的理念，积极打造具有农林特色、学科特点的研究生优质课程。在优质课程的基础上合理增加课程挑战度，拓展课程深度，丰富课程内容，加大研究性、创新性、综合性内容所占比重，研究课程的教学目标、教学设计额、教学团队、教学内容、教学方法等核心要素，将研究生优质课程打造成省级、国家级的线下精品课程、一流课程。

大力推进信息技术与农林教育教学的深度融合，充分发挥网络教学平台的作用，深入开展在线教育，努力打造在线开放精品课程，实现精品课程、教学资源共享共建，不断提升课程教学质量。推动"互联网+农林教育"，探索实践教学方法改革，建设农林虚拟仿真实验教学项目，打造虚拟仿真实验教学一流课程，强化研究生实践能力培养。深入开展混合式教育，努力打造线上线下混合式的一流课程，充分利用线上教学平台丰富的学科内容，结合线下课堂讲解、讨论，不断提升教学质量。

3.改革教学培养模式，提高培养质量

灵活教学组织方式，推进教学方法的改革，改革以往的课堂讲授的教学方式，采用探究式、研讨式的教学方式，由大班授课转向小班研讨，强化师生互动机制，促进研究生的批判性思维和创新意识的培养。探索智慧环境下教学组织模式改革，积极推进信息技术与教育教学的深度融合，深入开展混合式教育，充分利用线上教学平台传递学科知识，结合线下讲解、讨论，不断提升教学质量。积极探索翻转课堂教学模式，培养学生自主学习的意识，实现课堂教学从以"教"为中心向以"学"为中心转变。建设农林虚拟仿真实验教学项目，强化研究生实践能力培养。不断完善过程性考核与结果性考核有机结合，提高人才培养质量。

4.注重教育教学研究，提升办学特色

以研究生教学改革项目研究为平台，积极开展教学方法改革和学习方法改革的研究，积极探索和尝试拔尖创新人才培养教学方法。将教学研究和教学实践有机结合，教改研究与实践运用互为一体，强化对研究生的指导，着力提升研究生的实践创新能力，积极凝练教学成果，形成一批有影响力的教学成果。

（七）扩大交流合作，提升国际视野

1.促进国内交流，提升研究生教育培养前瞻性

深化校际学术交流合作，实施系列学术论坛、科技小院、访学基地等研究生培养创新项目。办好惟义学术论坛和科技竞赛，搭建学术交流平台。依托科技小院，推动研究生下基地、进企业、赴一线，丰富研究生科技实践能力。依托学校优势学科，设立农、林、牧、环境专业研究生访学基地，充分发挥学校重点学科和重点实验室优质资源，实施研究生创新实践能力培养项目，不断提升研究生创新能力。

2.加强对外交流，提升研究生教育培养国际化

进一步实施"走出去、请进来"战略，组织实施好公派留学项目，开展研究生国际合作培养，加强来华留学生招生培养，扩大国（境）外留学生规模。支持研究生出国（境）留学访学、参加国际学术会议、开展交流合作等活动，推动更多学生赴国外交流学习，拓展学生的国际视野，提升研究生教育的国际化水平。

四、保障机制

（一）加强组织领导

成立由校长担任组长，分管副校长担任副组长，党办、校办、纪委、组织

部、宣传部、教务处、教学质量监督与评估中心、人事处、财务处、科技处、研究生院、招生就业处、国际交流处、资产与实验室管理处、图书馆、信息中心等单位负责人，各研究生培养单位负责人共同参加的农林教学与科研人才培养基地改革试点工作领导小组，领导小组下设办公室，研究生院院长兼任办公室主任。领导小组全面统筹和推进改革试点工作，明确责任目标，强化督查落实，建立强有力的政策导向和实际举措，解决试点工作中的突出问题，促进学校高水平有特色拔尖创新型人才培养工作的全面推进。

（二）加强制度保障

出台相关配套制度，确保各项工作任务可操作、可落地、能完成。加快推进学科与研究生教育二级管理体系落地，建立校院两级学科与研究生教育管理及运行机制，加强基层单位组织建设，充分发挥研究生培养单位办学主体作用，实现管理重心下移，落实培养单位管理主体责任，强化培养单位质量主体意识。

（三）加快智慧管理

推进信息技术与研究生教育管理的深度融合，加快推进研究生教育管理系统升级改造，配合学科与研究生教育二级管理体系的构建，完善模块功能，提高学科与研究生教育信息化水平。

（四）加大经费投入

保障学科建设与研究生教育经费，确保各项工作正常开展；建立经费稳定增长机制，逐年提高学科建设与研究生教育经费预算，保证均增幅不低于校财力年均增幅；加大信息化建设经费投入，保证研究生教育管理信息化正常运行与维护经费投入。

（五）加强宣传推广

及时总结好的经验做法，树立先进典型，强化试点工作的宣传和报道，在校报、校刊、门户网站、微博、微信公众号等各类媒体开辟专栏，宣传改革成果，营造良好的舆论氛围。

第十四章　强化研究生教育助力精准脱贫攻坚战
和乡村人才振兴

2020年是全面建成小康社会目标实现之年，也是全面打赢脱贫攻坚战收官之年。为深入贯彻党的十九大精神和习近平总书记关于扶贫工作的重要思想，全面落实江西省委、省政府脱贫攻坚决策部署，按照教育部等部门《关于实施教育扶贫工程的意见》（国办发〔2013〕86号）及《江西省教育扶贫工程实施方案》（国办发〔2016〕87号）等文件精神，进一步发挥我校研究生教育在脱贫攻坚战中的积极作用，更好地对接地方经济发展需求，服务乡村振兴战略，现结合实际，提出如下意见。

一、指导思想

以习近平新时代中国特色社会主义思想为指导，全面贯彻党中央、国务院和省委、省政府关于脱贫攻坚的战略部署。充分发挥我校研究生教育学科专业和人才智力优势，深入对接贫困地区经济社会发展内在需求，引导广大研究生、学科团队、科研骨干等各类人才，积极发挥自身优势投入脱贫攻坚实践、巩固脱贫成果，精准对接、精准施策、精准推进、精准落地，助力打造精准脱贫江西样板，着力推进乡村振兴战略，为确保脱贫攻坚战圆满收官、确保农村同步全面建成小康社会作出应有的贡献。

二、任务目标

进一步完善研究生教育助力精准脱贫攻坚工作机制，围绕脱贫攻坚收官之战的目标任务，结合我校学科与研究生教育实际，找准定位、发挥优势、凸显特色，重点将学科建设与推动我省贫困地区经济社会发展紧密结合、将研究生培养与教育扶贫扶智紧密结合、将科技成果转移转化与科技扶贫精准脱贫紧密结合，深入推进研究生教育助力精准脱贫工作，创新开展学科脱贫、教育脱贫、产业脱贫、智力脱贫等帮扶工作，巩固脱贫成果，着力拓展校地、校企产学研用合作新路径、技术推广新模式、研究生培养新载体，全面落实"三全"育人体系，推动我校研究生教育质量与社会服务能力"双提升"。

三、基本原则

（一）坚持合力攻坚，服务全局

在遵循研究生教育特点的基础上，结合我校定点扶贫、科技下乡、科技小院等工作，充分发挥学科、人才、科技等综合优势，拓展扶贫内容与形式，形成校内师生联动、校地紧密合作、校企优势互补、扶贫成效倍增的合力攻坚格局，更好地推动高层次人才培养与时代发展需求深度对接和互助发展。

（二）坚持精准施策，打造特色

按照"区分类型、分类施策、彰显特色"的思路，找准研究生教育在助力精准脱贫攻坚工作中的角色定位与具体路径，充分发挥我校各培养单位学科特色、人才专长，实行协同性、个性化开展工作。根据贫困地区之所需、学校之所能，实现"个对个、点对点、实打实"的精准调配、精准施策，形成我校研究生教育助力精准脱贫攻坚服务品牌。

（三）坚持立德树人，提升质量

结合脱贫攻坚收官之战，以立德树人为根本、以强农兴农为己任，创新高层次应用型人才培养新模式；搭建协同平台，促进学科建设、人才培养、科学研究与贫困地区社会经济发展互动；强化思想引领，充分发挥研究生党团组织在科技下乡、扶贫扶智中的凝聚力和战斗力，提升我校助力脱贫攻坚的影响力和贡献力。

四、主要措施

（一）发挥学科专业优势，助力脱贫收官之战

调整优化学科专业结构。结合我省贫困地区经济社会发展需求谋篇布局，积极引导调整优化博士、硕士学位授权学科专业结构和培养规模，加强面向乡村基层的专业学位研究生的培养工作，重点培育和支持服务贫困地区传统优势产业发展的特色学科专业，促进研究生教育与脱贫攻坚深度融合。

建立分类分层帮扶机制。结合我校科技扶贫工作，实施"一院一品""一事一策"项目化管理。结合研究生差异化培养要求，因地制宜将扶贫工作与学科发展、研究生分类培养相融合，实现帮扶工作的"精深化""精细化""精品化"，打造具有研究生教育特色的脱贫攻坚工作品牌。

加大学科联盟支撑力度。结合我省高校校际学科联盟建设，围绕脱贫攻坚学科专业需求，发挥好我校生态学学科联盟牵头单位的作用，以及学科优势与研究生培养特色，扩大对外交流合作，促进校校结对、学科结对帮扶，实现优质资源共享，实现高校间学科联合发展、抱团发展、集聚发展。

（二）创新人才培养模式，做好教育扶贫工作

强化研究生知农爱农教育。开展以"脱贫攻坚"为主题的党团组织活动和志愿服务活动，依托主题党团日活动、"三下乡"活动、社会调研竞赛活动等，鼓励研究生深入贫困地区开展科技推广、政策宣讲、调研实践、支教服务等活动，培养研究生的责任意识、担当意识、服务意识。

探索"三农"人才培养新模式。建立研究生"教育培养+脱贫攻坚"协同模式，依托科技小院、科技特派员、农业产业联盟等平台，选派骨干教师深入农业农村生产一线，将研究生教育培养延伸到田间地头，以"科研+扶贫+实践+育人"形式助力人才培养和脱贫攻坚，培养知农爱农新型高级专业人才。

实施研究生培养专项计划。对接乡村振兴与脱贫攻坚高层次人才需求，落实专业硕士实践能力培养计划，加快实施"一村一名大学生"提升工程，推动专硕研究生培养进"科技小院"、联合培养基地、研究生教育创新基地及行业企业联合培养基地等专项计划，定向定点为贫困地区提供人才智力支持。

构建贫困生全面帮扶机制。建立生活、学业、就业"三位一体"帮扶机制：生活上加大资助力度，通过"三助一辅"支持贫困生在岗锻炼；学业上给予更多关心，实行"一对一"精准帮扶；毕业时优先推荐工作单位，开展个性化就业指导。全方位、全覆盖，切实解决贫困研究生实际困难。

（三）搭建协同帮扶平台，助力产业升级发展

加强扶贫创新智库建设。支持新农院、乡村振兴研究院等"三农"智库平台建设，鼓励学科团队、专业团队、科研团队、广大研究生等，围绕贫困地区重点问题和重大需求开展研究、建言献策，为贫困地区政策咨询、科技攻关、技术推广、产业升级、规划编制、法律服务等提供智力支持。

深化校地校企帮扶合作。加强与贫困地区的政产学研用协同平台建设，支持学院学科与贫困地区政府、当地企业、农业合作社等深化合作，帮助贫困地区打造新的经济增长点；发挥我校江西绿色农业产业联盟的作用，大力扶持发展"互联网+现代农业"，助力乡村产业升级，促进"三产"融合发展。

强化科技平台帮扶实效。强化"研究生创新实践基地""教授服务团/工作站""农家科技小院""博士服务团"等科技帮扶平台建设，落实"人才下沉、科技下乡、服务'三农'"科技服务精神，发扬"教授到村、学生住村、技术留村"科技扶贫模式，用科技助力脱贫攻坚和乡村振兴。

（四）拓展教育帮扶优势，服务乡村振兴战略

主动服务公共事业发展。充分发挥公共管理、职业教育等学科专业优势，通过政策宣讲、科普服务，帮助贫困地区群众树立公共卫生意识，倡导健康生活方式，形成遵纪守法意识；帮助贫困地区完善公共服务管理体系，为当地群众提供法律咨询服务，为当地政府科学管理和决策提供智力支持。

积极推进文明乡风建设。积极动员党团组织、志愿服务营队、社会调研小

组等深入贫困地区，开展关爱服务行动、文艺下乡活动、乡土文化传承行动等系列活动，支持贫困地区乡村文化建设，帮助群众树立现代文明理念，倡导现代生活方式，改变落后风俗习惯，推进乡村精神文明建设。

加强基层就业创业引导。大力实施大学生村官计划、"三支一扶"计划、农村特岗计划、大学生志愿服务西部计划等基层服务项目，积极引导鼓励研究生到贫困地区就业创业，重点提高留省就业率、提高基层就业率，努力构建研究生留省基层就业"下得去、留得住、干得好、流得动"的长效机制。

五、保障机制

（一）加强组织领导

建立各培养单位主要领导亲自抓，分管研究生工作领导具体抓，学科负责人和研究生导师共同抓的工作机制；注重统筹协调，结合脱贫攻坚、巩固成效的目标任务，形成"一院一品""一事一策"的工作方案，细化工作措施和长效机制，助力全面脱贫与乡村振兴。

（二）加大支持力度

各培养单位适当安排一定的工作经费，帮助研究生导师、科研骨干、研究生进村入企开展工作，保障助力脱贫攻坚工作正常开展；重视参与脱贫攻坚考核结果的应用，对表现优异、成效显著的师生及其团队予以表彰奖励，在评优评先中对相关研究生适度倾斜。

（三）创新攻坚模式

研究生教育助力脱贫收官之战应在充分发挥高层次人才智力优势上下功夫，依托优势学科专业精准对接贫困地区脱贫攻坚需求，主动创新扶贫机制、拓展扶贫内容、拓宽扶贫路径，制定科学、具体、可行、高效的帮扶计划方案，凝心聚力敢于碰硬，全面助力脱贫攻坚提质增速。

（四）形成工作合力

研究生教育助力精准脱贫工作要纳入校定点帮扶、科技下乡、科技小院等整体部署，与研究生校企联合培养、创新实践基地建设、社会调研实践服活动等工作有机结合，校内外教育教学联动，人才培养与精准帮扶结合，实现合作共赢。

（五）强化宣传引领

各培养单位要注重相关工作总结交流，大力宣传脱贫攻坚工作取得的新进展、新经验、新成效，互相汲取好思路、好方法、好举措；扎实开展研究生教育助力脱贫攻坚宣传工作，总结典型案例、树立先进典型，讲好真实故事、把握舆论导向，引导广大师生积极投身乡村振兴一线。

第十五章　后疫情时代农林高校线上线下融合人才培养模式

2020年春，新型冠状病毒感染的肺炎疫情突然来袭，这突如其来的疫情给高校课堂教学带来巨大冲击。1月27日，教育部发布了2020年春季学期延期开学的通知，同时要求"停课不停教、停课不停学"。为保证疫情防控期间教育教学工作的正常开展，江西农业大学根据教育部《关于在疫情防控期间做好普通高等学校在线教学组织与管理工作的指导意见》（教高厅〔2020〕2号），以及江西省教育厅《关于江西省本科高校开展线上课程教学的指导意见》、《关于做好新型冠状病毒感染的肺炎疫情防控期间研究生教育教学与管理工作的指导意见》等相关文件精神及疫情防控工作的要求，认真贯彻落实关于新冠肺炎疫情防控工作，在师生中普及疫情防控知识、增强疫情防控信心、提高师生自我保护意识，切实做到"疫情防控不懈怠，学生培养不放松"，坚持疫情防控和人才培养两手抓、两手赢，打破传统教学模式，积极探索线上教学模式，调整教学方案和教学计划，开展一系列有效措施，保障了线上课程教学工作的顺利开展，达到了"停课不停教、停课不停学、停课不停研"的教学目标。2020年10月，根据江西省教育厅下发的了《关于开展2020年江西省线下、线上线下混合式、社会实践一流本科课程认定暨课程育人共享计划立项工作的通知》（赣教高字〔2020〕27号）文件精神，江西农业大学进一步加强了线上线下混合式教学的实践探索。

一、新冠疫情期间线上课程教学实践与成效

受新冠肺炎疫情影响，2020年春季学期延期开学，教育部通知要求"停课不停教、停课不停学"。江西农业大学认真贯彻落实疫情防控总体部署，对开展线上课程教学作出科学研判，出台线上教学方案，积极组织开展线上教学工作。期间，为保证疫情防控期间线上教学顺利开展，教育部面向全国高校免费开放了全部优质在线课程和虚拟仿真实验教学资源，江西省教育厅也为全省各高校免费提供在线开放课程平台及优质课程资源、在线教学服务。江西农业大学根据疫情防控情况和上级主管部门的统一部署，第一时间制定相关工作应急预案，深入推进我校新型冠状病毒感染的肺炎疫情防控工作，精准切断传染源，有效控制危险因素，在最大限度确保师生生命安全和身体健康的同时，借助和利用各类在线资源，加强了本科生、研究生线上教学工作的组织，切实做到"开学延期课不停"，保障了全校教育教学工作的正常进行。

（一）科学研判形势，强化组织管理

一是科学研判形势，制定教学方案。学校多次召开教学工作会议，根据疫情的发展形势，提前对开展线上教学作出科学研判，先后出台《关于新冠肺炎疫情防控背景下的新学期工作预案》《关于2019—2020学年第二学期延期开学暨开展线上课程教学工作的通知》《关于做好新学期延期开学研究生线上教育教学工作的通知》《关于2019—2020学年第二学期线上线下教学衔接方案》及《关于2020年春季学期研究生教育教学实施方案》等9项疫情防控背景下新学期教育教学工作方案，全面统筹协调。

二是强化组织管理，做好服务工作。学校各部门认真细化落实工作预案，部署教学安排，对线上教学形式、教学平台选用、课程资源选择、教学资源制作、师生能力培训、教学质量监控和应急处理预案等进行系统设计和全面安排。对教师教学方式和教学质量保证提出了具体要求。做好线上教学的师生动员、课程统计摸底、对接教学平台、平台利用培训、教学资源建设、在线直播答疑等管理服务工作。各学院及任课教师积极探索线上教学模式，重构教学内容，设计教学环节，掌握平台操作，开展线上教学，切实保障疫情防控期间教

育教学工作的顺利开展。

三是线上开课率高，教学运行良好。学校先后4批开展线上教学，应开本科课程3850门次，其中理论课2548门次，实验课程1302门次，理论课程全部开展线上教学，线上教学开课率达100%；实验课程1126门线上教学，176门线下教学，线上教学开课率达86.5%。应开研究生课程282门，线上教学271门，线下教学11门，线上教学开课率达96.1%。第一、二批开展线上教学的任课教师989人，占专任教师1100人比例的90%。除毕业生外，96%的学生课程签到率超过90%，累计参加在线学习学生179063人次。教学运行情况整体良好。

（二）创新教学模式，调整教学安排

一是分析课程特点，做好开课准备。学校开展在线学习的本科生人数众多，学科分布广泛，课程教学注重基础理论、基本知识、基本技能及初步科研方法的掌握。本科课程线上教学资源丰富，由具有中级以上专业技术职称、业务水平高、教学经验丰富的教师承担课程教学任务，教师队伍年富力强，接受新事物的能力强，成为线上教学的主力军；任课教师能够针对本科课程标准及学生特点，积极寻找优质课程资源或自主建设在线课程，规划课程内容、掌握平台使用、布局教学组织、设计教学环节、组织课堂讨论、培养自学能力、碎化知识点讲解等，培养本科生独立获取知识的能力和分析问题、解决问题的能力。针对研究生线上教学，课程教学注重学科前沿和交叉学科知识掌握，突出获取知识、前沿跟踪、学术交流、学术（技术）创新等能力的培养；研究生课程线上教学资源匮乏，由具有副高以上专业技术职称或博士学位的教师承担教学任务，教师学历职称高，教学经验丰富，针对研究生课程资源匮乏的情况，老师们自主建设在线课程，制作教学资源，掌握平台使用技巧，组织设计互动讨论，培养研究生的独立思考和批判思维，加强研究方法、逻辑思维和应用能力的训练。

二是依据培养计划，调整教学安排。大一、大二、大三及研一学生以课程教学为主，各学院根据学科（专业）和课程特点和线上教学实际，调整教学计划，制定教学方案。任课教师能自觉探索线上教学模式，实现信息技术与教育教学的深度融合，改进教学方法，提高教学效率、完成教学任务，保障线上线下教学质量同质等效。研二学生以开展科学研究和撰写学位论文为主要任务，研究生导师在疫情防控期间通过微信、QQ及电话等多种方式，与研究生保持密切联系，详细了解研究生的行程安排和身体情况，及时传递学校的教学安排、落实新学期培养计划。结合实际情况，积极开展线上指导工作，帮助研究生做好学习计划、提供参考文献、布置学习任务、检查学习效果，加强与研究生的线上交流沟通，因地制宜推进各项学习任务和科研工作。大四及研三学生以学位论文、考研深造、求职就业为主要任务，学校严格把控学位论文质量，做到"疫情防控高要求，论文质量高标准"，论文指导教师与毕业生定期开展线上交流，加强对学位论文撰写的指导。本科生论文答辩全部采用线上答辩方式开展，研究生论文答辩采用线上线下相结合的方式开展，严把论文质量关，确保学位授予质量。真正实现了"延期开学不停学，立德树人不落空"的工作目标。

（三）发挥平台优势，激发学习自主性

一是发挥平台优势，开展线上教学。"中国大学MOOC（爱课程）""超星泛雅"和"智慧树"三大平台存储丰富的课程资源，包括视频、课件、教学大纲、课程作业、参考文献等，支持教师自主建设在线课程；钉钉、腾讯会议、腾讯课堂、ZOOM平台直播功能强大，便于任课教师开展知识点讲解；QQ和微信平台操作便捷，使用广泛，信息实时性，便于任课教师开展难点答疑。学校依托三大平台自建课程的比例达到2204门次，占线上教学课程的95.58%（其中超星平台1347门次，占线上课程的58.41%；爱课程715门次，占线上课程的31.01%；智慧树平台142门次，占线上课程的6.16%）。

二是打出平台组合拳，激发学生积极性。为避免公共教学平台产生拥堵、卡顿、延迟、崩溃等现状，保障线上教学的顺利开展，任课教师选择错峰授课，并组合使用多种平台开展线上教学。任课教师灵活选取傍晚、周末等时间段开展线上教学，有效避开课程教学高峰期。同时，任课教师根据课程标准和学生特点选用"超星泛雅"等三大平台的课程资源、学校网络教学平台课程资源或自主建立课程资源，上传课程大纲、教学日历、教学进度安排、PPT讲稿、动画视频、课堂录播视频及参考书目、文献等电子教学资料，为学生提供学习资源，支持学生开展课前预习及课后复习；充分发挥钉钉、腾讯会议、腾讯课堂、ZOOM平台直播功能，进行课程教学中重点、难点知识点的讲解，并开展课堂讨论，促进学生对知识点的掌握；运用QQ平台和微信平台进行"一对一"答疑解惑，布置课后作业强化学生对知识点的巩固。"组合拳"的授课模式有效激发了学生的学习兴趣，提高了学生的学习参与度，保障了教学质量。线上教学改变了以教为主的教学模式，缩短了授课时间，增加了互动环节，引导学生自主学习，创新以学为主的教学模式改革。

（四）评价教学效果，保证教学质量

一是实施线上督导，强化教学管理。为实现"疫情防控高要求，培养质量高标准"的目标，学校采用线上随机听课，后台实时监控等多种有效措施，开展教学检查与督导。为准确掌握课堂教学情况，校督导组、教务处、研究生院、各学院及导师深入教学一线，开展线上听课，强化教学督导，掌握教学情况，提出改进措施。教学管理人员通过平台数据统计与分析，教学质量实时监控，进行学情分析，有效指导线上教学开展，不断强化教学管理。

二是开展调查分析，评价教学效果。学校开展线上教学问卷调查，着力打通教情通道和学情通道，收集师生关于线上教学的反馈及建议。调查结果显示，84.94%的任课教师和85.71%的学生表示支持开展并接受线上教学模式。80.13%的任课教师认为线上教学开展顺利，72.44%的任课教师认为线上课程教学平台基本或完全满足线上教学需求。58.44%的学生认为线上课程教学网络不稳定。同时，学生更乐于接受视频、语音直播加在线讨论的线上教学方式。通过调研，共收到师生反馈意见建议3694条，学生意见集中在教学形式、教学组织及学习效果方面，教师建议集中在平台容量、网络条件及教学效果方面。教学质量监督与评估中心定期以简报形式发布线上教学进展报告，刊发典型经验、典型案例，收集线上教学建议，促进线上教学经验交流，指导教师改进教学方法，起到了良好的工作督导和经验交流作用。

二、新冠疫情期间线上课程教学存在的问题及反思

线上教学模式突破了传统课堂人数、地域、时空的限制，且教学资源丰

富，信息量大，教学形式花样繁多，具备视频回放、名师资源共享优势，有效调动了学生学习的积极性，激活了课堂活力，提升了学生自主学习的能力，更好地掌握了专业知识；同时，能够有效缓解教室资源不足，师资力量不够的问题，补齐硬件条件匮乏的短板。通过一个学期的实践来看，线上教学具有其优势的一面，但也存在一些不足，主要存在于线上教学实施过程中，课程资源匮乏、教学平台容量不足、教师线上教学能力不足、学生参与度不高等问题。

一是课程资源匮乏，优质教学资源有待进一步加强。丰富的教学资源是线上教学的基础，尽管教育部面向全国高校免费开放全部优质在线课程和虚拟仿真实验教学资源，但是以本专科的课程为主，研究生的课程资源较为匮乏。本科生课程教学资源相对丰富，但符合学科特点，满足学生学习需求的线上资源不足。研究生课程相较本科生而言更专业，更具前沿性，各高校依据学科（专业）特点进行课程设置，内容上有较大差异，并且各高校未实现线上教学资源共享。长期以来，学校未建立符合学科（专业）特点，满足学生学习需求，具备自主知识产权的线上教学资源库。国家级、省级优质课程建设以线下建设为主，未完全实现资源的在线建设与共享。学校积极推动线上"金课"及线上线下混合式"金课"的建设，但面对突如其来的疫情，需要全面开展线上教学，匮乏的教学资源成为线上教学顺利开展的"拦路虎"。课程教学既包含理论教学，也包括实验操作。实验课程不仅可以巩固和加深理解对应理论课程的基本概念及理论，也是教学的重要环节。线上实验课程的开展需要依托虚拟现实技术实现。学校高度重视并投入大量经费支持虚拟仿真项目的建设，但目前的建设成效无法满足全面开展线上实验教学的需求，虚拟仿真平台建设有待进一步加强。

二是平台容量不足，硬件设施条件有待进一步提升。伴随全国各地各级各类学校线上教学活动的开展，各大教学平台的服务器容量皆无法满足同一时间各类课程的在线教学需求，各平台皆存在不同程度的拥堵、卡顿、延迟、崩溃现象，严重影响正常教学活动的开展。线上教学要求师生具备良好的网络环境及足够的网络流量，师生遍布全国各地，网络环境不尽相同，不理想的网络环境及不充足的网络流量直接影响到学生的学习效果。

三是教师经验缺乏，教学信息素养有待进一步提升。疫情防控期间，大规模地开展线上教学，加速了教育信息化进程。短时间内要求任课教师掌握平台操作，着手课程建设，制作教学资源，调整教学模式，设计教学环节，完善教学组织，保障教学质量，无疑对任课教师的线上教学能力提出了更高要求。从教学实践看，部分任课教师存在对平台使用不熟练，教学资料质量不高，教学设计不合理等现状，教师信息化素养有待进一步提升。

四是学生参与度低，课程组织形式有待进一步完善。尽管线上教学资源丰富，教学便利，但线上教学仍然无法完全比拟面授过程中的直接互动，学习过程完全依靠学生自主约束，无法保证其学习效果。同时，任课教师无法了解学生对知识的掌握程度，对线上教学课堂节奏的把握不到位，师生之间的沟通和互动效果不理想，线上教学组织设计比较主观，学生课堂参与度难以掌控，造成学习时间和学习资源的浪费，无法充分激发学生的学习积极性。

五是教学模式单一，教师教学理念有待进一步转变。从最初确定开展线上教学，任课教师表现出抵触心理、畏难情绪，但又不得不服从学校安排统一开展线上教学，到后期任课教师适应线上教学模式，并认识到线上教学的优势，积极主动开展线上教学，线上教学开展逐步有序，期间教师观念在不断发生变化。学生的观念也在不断变化，由最初的不适应线上教学模式，到后期的自主学习、独立思考，掌握了利用网络获取知识的能力，提高了自学能力。但是，线上教学强调"以学生为中心"，在学生不能完全掌控的情况下，老师要更多地顺应学生的思维，鼓励学生充分利用好线上优质资源，激发学生自主学习的积极性，并非直接将传统课堂搬至线上开展。因此，教师的教学理念、教学模式与方法，都需要进一步改进。

三、后疫情时代线上线下融合提高课程教学质量的思考与对策

因为突发的新冠疫情，在"停课不停教、停课不停学"的工作要求下，对高校线上教学产生了非常积极的促进作用。在非常短的时间内，普及了线上教学知识，丰富了教学模式和教学手段，拓展了教学内容和教学空间，锻炼培养了广大教师，最终线上教学工作顺利开展，取得阶段性成果。总结线上教学开

展情况及其效果，后疫情时代将从建立教学资源库、打造网络教学平台、推进教学模式改革、提高教师信息化素养、建立线上教学保障体系等方面入手，充分发挥信息技术优势、加强人工智能教育，建立线上线下混合式教学模式并形成长效机制，进一步提高线上教学效果，实现线上线下"同质等效"，促使线上线下教育实现跨越式发展，推动教育的转型与变革。

（一）加快构建教学资源库，打造线上优质教学资源

一是完善教学资源库。线上课程建设内容和模式千差万别，简单、同质化的教学资源无法满足学生的学习需求，学校应建立具有学科（专业）特色，满足学生学习需求，具备自主知识产权的教学资源库，完善优质教学资源，提供更多教学视频、电子教材、参考文献等教学资料，建设高质量的线上教学资源，为学生的学习提供更加有力的支撑。

二是强化"互联网+金课"建设。重视"互联网+金课"的建设与应用，鼓励并支持教师积极申报"互联网+金课"，充分利用现代化信息技术辅助课堂教学，规范教学大纲，完善课程内容，丰富教学资源，改进教学方法与设计，强化自编教材建设，组织教学活动，建成适合网络传播、教学活动的内容质量高、教学效果好、满足学生学习需求的"互联网+金课"。学校初步计划，自2020年起，每年立项建设60门左右校级"互联网+金课"，力争到2022年建成120门左右校级"互联网+金课"，为线上教学、线上线下混合式教学提供丰富的、满足师生需求的优质课程资源。

（二）加快完善线上教学平台，促进信息化技术与教育教学深度融合

一是加强网络教学平台建设。以信息技术为基础的现代化教育技术，是实现教育信息化的重要支撑。学校不断加强校内网络教学平台建设，拨付专项建设资金，改善数字化教学的硬件条件，构建课程教学信息化教学环境，促进信息化技术与教育教学深度融合；搭建基于"互联网+"技术支持的智慧教室，通过多元的信息呈现方式、多维度的探讨交流平台、多层次的教学反馈途径、多角度的数据分析能力，充分调动学生的听觉、视觉，激发学习兴趣，促使其以独立思考或合作探究等方式解决问题。

二是打造虚拟仿真实验平台。依托多媒体网络、虚拟现实、数据库和网络技术，构建高度仿真的虚拟实验环境和实验对象，学生在开放、自主、交互的虚拟环境中进行安全、经济、可重复的实验实践模拟操作。虚拟仿真技术可作为专业课程和实践教学的有效补充，提高学生创新意识，培养实验技能，形成理论与实验相互支持、课堂知识与应用实际相互结合、科研与教学相互促进的教育教学格局。打造虚拟仿真实验平台，创新实验教学方式，切实推进线上实验教学工作，是未来线上教学发展的重要趋势。

（三）加快开展线上教学师资培训，提升教师信息化素养和线上教学技能

一是强化教师培训与服务支持。利用在线培训课程、发布操作手册、模拟操作示范等多种形式对教师进行培训，帮助教师更好地了解和使用教学平台。围绕在线教学理念、课程建设、教学设计、教学实践、案例分享、教学管理等，组织专题培训和研究交流，尤其要面向高年龄段、掌握新技术有难度的任课教师开展工作。加强与教学平台的沟通交流，为任课教师提供疑难解答和个性化技术指导，促进教师对信息化技术的掌握及熟练使用，以增强教师在信息技术条件下基于在线平台开展教学的能力。

二是加强线上教学经验交流。积极组织任课教师开展教学研讨，共商解决线上教学实践中遇到的问题，激活基层教学组织的活力，通过在线集体备课和教学研讨，推广先进经验，帮助教师提升在线教学技能；组织经验丰富的教师收集、研究、编写线上教学方法指南，推送给任课教师学习，开展在线服务，帮助、指导教师开展在线教学；组建在线指导教师团队，组织经验丰富的教师开展在线教学示范，为教师提供优秀案例，交流在线教学经验。

三是制定落实教学奖励办法。出台教师教学奖励办法，被认定为国家级、省级"互联网+金课"的，校内教学实践效果突出、学生反响良好的课程，给予奖励。建立教学业绩考核制度，"互联网+金课"建设项目鼓励采取线上线下混合式教学模式，通过验收的给予适当奖励。加大对教学效果和教学改革研究的考核，引导任课教师回归教学质量。

（四）加快实施线上线下融合教学规范管理，建立教学质量保障体系

一是加强教学督导，强化监督管理。强化线上教学和线下教学的听课督导，组织各级各部门人员深入线上、线下一线开展听课活动，对教学情况进行全面监督与检查，及时将意见建议反馈给任课教师，及时调整教学方法。

二是发挥大数据优势，掌握教情学情。充分发挥平台数据统计与分析功能，针对在线资源建设及使用情况、师生在线时间、作业和讨论完成情况、学生对知识的掌握情况等进行统计分析，利用大数据的统计分析结果，进行教情、学情过程性分析，强化教学质量实时监控，有效指导线上教学开展。

三是建立评教机制，提供有力指导。利用网络教学平台开展随堂评教，打通教情通道，反馈学生对课堂教学的意见建议，督促任课教师及时调整教学方法与教学计划。加强线上、线下融合教学的效果评估，从教学目的和学生收益客观评价，促进教学质量的提升。

四是实行动态监管，引导融合教学。定期开展问卷调查，了解学生的学习状态，掌握学生的学习效果，获取学生的问题反馈，帮助学生解决困难，引导和督促学生认真参与线上学习。建立"教、学、评"三方协同的教学质量保障体系，创新督导方式、加强教学检查，利用数据分析，掌握教学情况，提出改进措施，实现课程的全程、全员、全方位督导，全面提升教学效果，保证教学质量。

（五）加快推进教育教学改革，建立线上线下融合教学长效机制

一是积极探索线上线下混合教学模式。混合式教学是传统教学与网络化教学优势互补的一种教学模式，强调的重点是"以学生为中心"，可以为学生创造真正高度参与的、个性化的学习体验。混合式教学注重"先学后导""先导后学"相结合，教师的"导"与学生的"学"交替呼应，教学螺旋、反复推进的教学思维模式，开放的学习资源、反复的教学过程、多样的评价方式更有利于提高学习效果。混合式教学通过现代技术与课堂教学的融合创新，利用混合式、探究式、参与式、个性化等多种教学模式，能引导学生主动参与、独立思考，学习时间更机动、学习方法更灵活，有利于提高教学效果。

二是加快构建线上线下混合教学长效机制。新冠疫情加速了应用信息技

术开展教育教学改革进程，线上线下混合式教学模式将成为教育教学方式的新常态。混合式教学过程中，教师地位由主导变为指导，学生地位由被动变为主动，重心在于帮助学生提高主动性、激活创造性。教学方法更加灵活，教学互动更加便捷，教学时间更加充裕，优质教学资源更加丰富，教学效果得到提升。任课教师应转变传统教学理念，充分把握线上教学规律，以学生为中心，"指导""学习"相融，"线上""线下"互补，加快建立混合式教学长效机制。

疫情防控期间开展线上教学是对高等教育信息化水平的一次考验，同时也是一次很好的推广普及，为教育信息化改革带来了新的机遇。当前，以人工智能、虚拟仿真、模拟场景等为注意内容和手段的个性化教育成为第四次教育革命的鲜明特征，基于"互联网+教育""人工智能（AI）+教育"的现代教育教学观念及线上线下混合式培养模式，将成为后疫情时代的教育教学方式新常态。江西农业大学将在今后持续推动教育的转型与变革，以教育信息化、智能化为驱动力，全面深化教育教学改革，进一步推动线上教学创新实践，完善线上线下融合教学、混合培养模式，加快实施在线开放课程建设和课程育人共享计划，积极推进跨校学分互认平台建设，构建保证教育教学质量的长效机制，加快推进高等教育现代化发展进程。

第五部分　结　语

十九大报告指出：建设教育强国是中华民族伟大复兴的基础工程，必须把教育事业放在优先位置，加快教育现代化，办好人民满意的教育。实施乡村振兴战略，要坚持农业农村优先发展，加快推进农业农村现代化。作为地方农业院校，要全面贯彻党的教育方针，就必须要坚持和兼顾教育优先和农业农村优先，落实立德树人根本任务，满足"三农"人才需求、服务乡村人才振兴，培养更多的"知农爱农"新型人才、德智体美劳全面发展的社会主义建设者和接班人。

聚力新时代、共筑中国梦，要有新气象、新作为。树立"教育自信"，"推进世界一流大学和一流学科建设""实施《中国教育现代化2030》"已成为我国教育优先、教育强国的重要抓手，是我国推进教育改革向纵深发展的重要标志。"双一流"建设是继"985""211"之后，又一个国家高等教育发展战略，注重的是教育的"高度"和"深度"，是教育大国到教育强国的必经之路；《中国教育现代化2030》顺应终身学习的理念，创造终身教育体系、构建现代学习型社会，注重的是教育的"宽度"和"广度"，是造就高素质劳动者和拔尖创新人才的中国模式。这涉及我国教育发展的大格局，将推动高等教育大国向高等教育强国、人才大国向人才强国的转变，提升我国高等教育综合实力和国际竞争力，最终赢得在世界各国之林中与国家地位相称的教育定位。加快一流大学和一流学科建设，实现高等教育内涵式发展，究其实质还是提高人才培养质量、服务好国家战略需求问题，为党育人、为国育才。这对全国教育界来说，既是鞭策，也是鼓励，是需要大家共同担当的历史使命。

实践经验证明，经济繁荣靠科技，科技发展靠人才。大到一个国家，小到一个区域，得人才而兴，失人才而衰。古今中外，概莫能外。目前，江西经济总体上相对落后于发达地区，江西高等教育在全国也处在比较落后的位置，人才引进难度较大、人才自主培养能力不足、人才流失比较严重，人才形势十分严峻。新时代，江西经济进入了快速发展的战略机遇期，农业强省建设、旅游强省建设、生态文明示范区、美丽中国"江西样板"等，对人才的渴求尤为迫切。服务社会是现代大学的责任，江西高校在树立我省"教育自信""教育强省"中必须有应有的责任和担当，必须有超常规的思考、超常规的布局、超常规的路径。江西农业大学将始终扎根赣鄱红土地，将论文写在希望的田野上，加强卓越农林人才教育培养，满足江西"三农"发展对人才的需求，服务乡村振兴战略。

一、始终把教育培养摆在"乡村人才振兴"的首要位置

百年大计，教育为本。党的十九大对教育工作进行了全面系统部署，江西省积极贯彻落实会议精神，明确提出要实施"教育强省"战略，着力解决教育不平衡、不充分问题，全面提升教育水平。乡村振兴，关键在人。江西农业大学是江西省"一流学科专业"建设高校，作为解决"三农"问题的人才培养基地、科技创新高地和"三农"问题智库，在学科发展、专业建设、人才培养中，要进一步盘活学校现有条件资源平台，特别是要着力优化学科专业设置和人才培养层次，着力优化实施"一村一名大学生工程"，着力优化科技下乡人才下沉工作，从学历教育与非学历教育、全日制教育与非全日制教育等多方推进人才培养工作，围绕乡村产业振兴、乡村人才振兴发力，让人才驱动与乡村振兴同频共振。

二、始终把科技下乡摆在"乡村人才振兴"的关键位置

人才强农，科技兴农。科技是第一生产力，人才是第一资源。人才是创新

的第一资源，经济竞争和科技竞争，归根到底是人才的竞争。乡村振兴中没有人才优势，就不可能有创新优势、科技优势、产业优势，用科技武装农业、农村、农民是乡村振兴的必由之路。江西农业大学将进一步从农业科学研究、农业科技推广两方面，深入实施科技兴农工作，进一步加强科技成果转移转化、科技特派团（员）行动、科技小院建设、科技推广应用示范基地建设等，打通科技下乡"最后一公里"，把农业科技送到田间地头。通过科技下乡人才下沉锻造各类特色农业农村实用人才，解决好"三农"工作中的实际问题，解决好农业增产、农民增收、农村繁荣问题，解决好"三农"工作近期目标和长远发展问题，为乡村振兴注入新活力。

三、始终把服务人民摆在"乡村人才振兴"的中心位置

为党育人，为国育才。习近平总书记讲教育方针，特别强调高等教育要为人民服务、为中国共产党治国理政服务、为巩固和发展中国特色社会主义制度服务、为改革开放和社会主义现代化建设服务。"四为服务"是新时代中国高等教育的新使命。高等教育与经济社会发展是紧密的伴生关系，高等教育已经与治国理政的方方面面联系在一起。围绕新时代江西经济新常态下产业结构转型升级、乡村振兴、"一带一路"等战略，江西农业大学将始终坚守扎根红土地、服务大农业的办学理念，坚持目标导向、问题导向、需求导向，体现新担当、实现新作为、作出新贡献，要深化改革、创新驱动、全面赶超，要把自己摆进去、把关键找出来、把责任担起来、把目标定出来，真正办好人民满意的农业高等教育，满足江西人民的新期待。

参考文献

[1] 柏昌利.高水平特色型大学的内涵探析[J].中国电子教育,2010(2):11–16.

[2] 蔡海生.德国双元制教育对我国高校实践教育的启示——以江西农业大学本科生实践教学为例[J].中国农业教育,2018(3):60-65,95.

[3] 陈俭,詹一览,黄巧香.卓越农林人才培养计划下的创新创业实践教学探索[J].中国高等教育,2017(21):43-45.

[4] 陈鹏勇.创新实践教学模式 培养高素质创新人才[J].中国大学教学,2010(5):83-85.

[5] 程备久,戴照力."双一流"背景下地方农林高校创建一流学科的思考[J].中国农业教育,2017(2):5-9.

[6] 褚照锋.地方政府推进一流大学与一流学科建设的策略与反思——基于24个地区"双一流"政策文本的分析[J].中国高等教育,2017(8):50-56.

[7] 杜家方、邓俊锋、谭金芳."三位一体"的新型职业农民培育模式探索——基于河南农业大学的实践[J].中国农业教育,2016(6):40-44.

[8] 管莉菠,虞方伯.高校实践教学的现存问题及其对策[J].中国科教创新导刊,2009(2):2.

[9] 郭广生.内涵发展着力提升有特色高水平大学核心竞争力[J].中国高等教育,2012(19):25–27,2.

[10]郝建平,王成涛.大众化教育背景下地方高校实践教学的改革与发展[J].上海工程技术大学教育研究,2006(3):11-15.

[11] 何晓琼,钟祝.乡村振兴战略下新型职业农民培育政策支持研究[J].中国职业技

术教育，2018（3）：78-83.

[12]贺浩华，蔡海生.建国70周年以来地方农业高校改革发展的实践与探索——以江西农业大学为例[J]. 中国农业教育，2019(3)：1-7.

[13] 贺浩华，蔡海生.乡村振兴战略背景下新型职业农民培育的实践与思考——以江西农业大学为例[J]. 中国农业教育，2018(5)：6-11，91.

[14]洪树琼，吴伯志，胡先奇.以创新创业教育引领深化教育教学改革[J].中国农业教育，2017(1)：20-24.

[15] 侯德亭,柳青峰,杨华,等.抗疫期间提高大学物理线上教学效果的探索实践[J].物理与工程,2020,30(9):11–15.

[16] 胡越.我国新型职业农民培育的探索与实践[J].中国农业教育，2017（1）：35-40.

[17] 黄路生.扎根赣鄱红土地，将论文写在希望的田野上[J]. 中国农业教育，2019(5)：8-9.

[18] 黄双华,周海萍.论地方高水平特色大学的内涵与特质[J].中国成人教育,2011(11):28-30.

[19] 蒋桂英，李鲁华，李智敏，等.协同创新视角下地方农业院校卓越农林人才培养模式改革[J].教育教学论坛，2017（15）：124-125.

[20]雷大铨.回过头来看共大，共大还是应称赞[J]. 江西教育科研，1993(5)：63-66.

[21] 李大鹏,刘震,肖湘平,等.新冠疫情背景下推进高质量在线教学的现实探索[J].中国农业教育. 2020（2）：22-25

[22] 李国强.“共大”悲剧探源[J].江西教育科研，1989，(5)：60-63

[23] 李克寒,刘瑶,谢蟪旭,等.新冠肺炎疫情下线上教学模式的探讨[J].中国医学教育，2020（3）:264-266.

[24] 李卫朝.新型职业农民培育的问题起点、理论、内涵及发展方向——以实效性为中心的考察[J].中国农业教育，2017（6）：30-35，93.

[25] 李周平.德国“双元制”职业教育特色与启示[J]. 陕西国防工业职业技术学院学报，2016,26（1）：3-5.

[26] 梁卿.德国“双元制”职业教育办学体制及其启示[J]. 职业技术教育，2016（4）：76-79.

[27] 林蕙青.努力实现新时代高校人才培养新作为[N]. 中国教育报，2018-10-26.

[28] 林良泉.“双一流”战略视野下的地方高水平大学学科建设[J].高校后勤研

究,2016(4):108-111.

[29] 林万龙，韦笑，刘佳.借疫情之势加速信息技术与教育教学深度融合[J].中国农业教育，2020（2）：15-18.

[30] 刘国瑜，周应堂.农林高校推进"十三五"发展规划实施的探讨[J].中国农业教育,2017(1):70-73.

[31] 刘菡.混合式教学：主体间性的实现路径[J].当代教育实践与教学研究,2020（3）：171-172.

[32] 刘圣兰，陶杨.江西共产主义劳动大学办学模式的现实启示[J]. 高等农业教育，2014(2)：11-15.

[33] 刘为浒，李刚华，汪欢欢，等.新时代背景下卓越农林人才培养范式的创新与实践[J].中国农业教育，2018(6)：50-55，95.

[34] 刘占柱，尚微微，姚丹，等. 跨大类卓越农林人才培养研究[J].高等农业教育，2015（1）：66-69.

[35] 罗红恩，叶勇，王超，等. 高校实践教学基地建设问题评述及对策研究[J]. 新疆广播电视大学学报，2017(1)：47-50.

[36] 宁波,郭新丽.高水平特色大学建设要素及其策略[J].高等农业教育,2015(12):13-18.

[37] 欧海燕,单丹.网络教学平台与虚拟仿真协同应用的工程管理实践教学改革研究[J].教育教学论坛，2020（20）：381-382.

[38] 潘迎丽."一带一路"背景下陕西省农业服务创新人才培养策略[J].农业工程，2018，8（3）：116-118.

[39] 石庆华，黄路生.江西农业大学校史（二）[M].南昌：江西高校出版社，2010.

[40] 孙金栋、王鹏、韩芳，等.实践教学体系的建设[J].中国建设教育，2007(12)：46-48.

[41] 田阳."一带一路"背景下的林业高等教育国际合作[J].高等农业教育，2017（4）：6-10.

[42] 汪东兴.教育为兴国之本——回忆江西共产主义劳动大学[J]. 江西教育科研，1995(1)：6-11.

[43] 王传亮.建设"五个环境"打造特色鲜明的高水平大学[J].前线,2016(7):71-73.

[44] 王洪才."双一流"建设的重心在学科[J].中国农业教育,2016(1):7-11.

[45] 王信文.融合智慧教室的地理"问题式"教学初探[J].地理教育,2020（5）:48-49.

[46] 王云琦，王玉杰，朱锦奇.卓越农林人才培养模式下高等农林院校实验课教学的改革探索——以"岩土力学"实验课为例[J].中国职业技术教育，2018（3）：78-83.

[47] 魏庆爽. 地方本科院校实践教学体系与创新创业教育契合度问题研究[J]. 人才资源开发，2017(5)：120-121.

[48] 吴建忠，张俭，杨吉兴.谈地方性本科院校实践教学体系的整体构建[J]. 中国科教创新导刊，2011(5)：16-17.

[49] 吴林根. 大众化高等教育背景下大学实践教学体系的构建[J]. 高教论坛，2004(6)：101-104.

[50] 许祥云，梁钢，苏力华，等."共大"办学历程及其产学结合人才培养模式研究[J]. 南昌职业技术师范学院学报，2001(8)：78-84

[51] 许昭宾，靳书刚，张红杰.新型职业农民的认知归因方式及其培养模式研究[J].中国农业教育，2016（1）：53-58.

[52] 颜廷武，张露，张俊飚.对新型职业农民培育的探索与思考——基于武汉市东西湖区的调查[J].华中农业大学学报（社会科学版），2017（3）：35-41，150.

[53] 央视评论员.以"五个振兴"扎实推进乡村振兴战略[J]. 农业知识（致富与农资），2018(5)：3–4.

[54] 袁晓玲."双元制"教学模式之启示[J].教育纵横，2016(2)：53-54.

[55] 翟炎杰.我国型职业农民培养的现实困境和路径选择[J].高等农业教育，2015（8）：119-121.

[56] 张福进.深化农业供给侧结构性改革培育新型职业农民的政策措施[J].中国市场，2018（2）：99-100.

[57] 张永亮,朱蕾,曾曙才,等.新冠疫情背景下线上—线上混合式教学的实践与思考[J].中国农业教育，2020（2）：39-43.

[58] 赵路."一带一路"背景下农村创新人才培养模式研究[J].科学管理研究，2017，35（6）：6-10.

[59] 赵小敏，蔡海生，何雯洁. 新冠疫情背景下高校线上教学的实践探索——以江西农业大学为例[J]. 中国农业教育，2020(4)：1-7，15.

[60] 赵小敏，蔡海生.基于有特色、高水平的地方农业高校一流学科专业建设的实践与思考——以江西农业大学为例[J]. 中国农业教育，2018(2)：11-16，92-93.

[61] 赵小敏，蔡海生.以学科为抓手推进有特色高水平大学建设——以江西农业大

学为例[J].中国农业教育，2017（3）：11-15.

[62] 赵忠.新型职业农民培育模式的实践与思考——基于"西农"模式的考察[J].中国农业教育，2017（3）：1-5，92.

[63] 郑春龙，邵红艳.以创新实践能力培养为目标的高校实践教学体系的构建与实施[J].中国高教研究，2007(4)：85-86.

[64] 钟欣芮,周航,姜林,等.关于应对疫情开展化学类专业课程线上教学的探究[J].大学化学.2020,35 (5),273–277.

[65] 周光礼."双一流"建设中的学术突破——论大学学科、专业、课程一体化建设[J].教育研究,2016(5):72-76.

[66] 朱冰莹，董维春，黄骥.卓越农林人才培养模式初探——基于拔尖创新型人才培养的理论与实践解析[C].素质教育与一流大学建设——中国高等教育学会大学素质教育研究分会2017年年会暨第六届大学素质教育高层论坛论文集，2017.

[67] 朱炳文.加快建设有特色高水平大学[J].实践(党的教育版),2014(3):6-7.

[68] 卓炯，杜彦坤.我国新型职业农民培育的途径、问题与改进[J].高等农业教育，2017（1）：115-119.